最先端材料システム One Point ③

自己組織化と
機能材料

高分子学会 [編集]

共立出版

「最先端材料システム One Point」シリーズ
編集委員会

編集委員長	渡邉正義	横浜国立大学 大学院工学研究院
編集委員	加藤隆史	東京大学 大学院工学系研究科
	斎藤　拓	東京農工大学 大学院工学府
	芹澤　武	東京工業大学 大学院理工学研究科
	中嶋直敏	九州大学 大学院工学研究院

複写される方へ

　本書の無断複写は著作権法上での例外を除き禁じられています。本書を複写される場合は、複写権等の行使の委託を受けている次の団体にご連絡ください。

〒107-0052　東京都港区赤坂 9-6-41　乃木坂ビル　一般社団法人 学術著作権協会
電話 (03)3475-5618　　FAX (03)3475-5619　　E-mail: info@jaacc.jp

転載・翻訳など、複写以外の許諾は、高分子学会へ直接ご連絡下さい。

シリーズ刊行にあたって

　材料およびこれを用いた材料システムの研究は,「最も知的集約度の高い研究」と言われている．部品を組み立てる組立産業は,部品と製造装置さえ揃えばある程度真似をすることができても,材料およびそのシステムはそう簡単には追随できない．あえて言えば日本の製造業の根幹を支えている研究分野であり,今後もその優位性の維持が最も期待されている分野でもある．

　この度,高分子学会より「最先端材料システム One Point」シリーズ全10巻を刊行することになった．科学の世界の進歩は著しく,材料,そしてこれを用いた材料システムは日進月歩で進化している．しかし,その底辺を形作る基礎の部分は普遍なはずである．この One Point シリーズは今話題の最先端の材料・システムに関するホットな話題を提供する．同時に,これらの研究・開発を始めるにあたって知らなければならない基礎の部分も丁寧に解説した．具体的な刊行内容は以下の通りである．

　　　第1巻　　カーボンナノチューブ・グラフェン
　　　第2巻　　イオン液体
　　　第3巻　　自己組織化と機能材料
　　　第4巻　　ディスプレイ用材料
　　　第5巻　　最先端電池と材料
　　　第6巻　　高分子膜を用いた環境技術
　　　第7巻　　微粒子・ナノ粒子
　　　第8巻　　フォトクロミズム
　　　第9巻　　ドラッグデリバリーシステム
　　　第10巻　　イメージング

　いずれも今を時めくホットトピックで,題名からだけでもその熱さが伝わってくると思う．執筆者は,それぞれの分野で日本を代表する研究者にお願いした．またその内容は,ご自身の研究の紹介だけでなく,それぞれの話題を世界的な観点から俯瞰して頂き,その概要もわかるよう

に工夫した．さらに詳しく知りたい方のために参考文献も充実させた．

　特に読んで頂きたい方は，これからこれらの分野の研究・開発を始めようとする大学生，大学院生，企業の若手研究者等であり，「手軽だが深く学べる本」の提供を目指した．さらに，この分野の入門書としての位置づけのみならず，参考書としても充分活用できるような内容とすることを意図したので，それぞれの分野の研究者・技術者，さらには最先端トピックスの概要を把握したい方々にも充分にお役に立つことを確信している．

　本 One Point シリーズの刊行にあたっては，各執筆者はもとより，各巻の代表執筆者の方々には，各巻全体を査読頂き，表現の統一や重複のチェックなど多大なご尽力を頂いた．ここに改めてお礼申し上げる．

2012 年 4 月

編集委員長　渡邉正義

まえがき

　材料の進歩は，文明の進展と人類の生活レベルの向上に大きく貢献してきた．我々の身の周りには様々な材料があふれている．特に，20世紀以降，化学産業をはじめとする素材産業は，多様な高性能・高機能材料を生み出してきた．世界的に見て，我が国の素材産業は，各方面の努力によって，高い競争力を維持している．研究者・技術者もレベルが高く層が厚いのはいうまでもない．今後，我々は，より精密な高機能性を示すだけでなく，環境・資源・健康医療・安全安心などの人類の課題を解決する方向性を有する新しい材料を構築していかなければならない．このような状況の中で，「自己組織化」というキーワードが材料を作る手法として注目を集めている．

　「自己組織化」は，構造を形成する要素が，人の操作を直接介在せずに秩序構造を作り上げていくプロセスである．精密な構造形成による高機能性の発現と，省エネルギー性のプロセスがその大きな特徴と考えられる．自己組織化プロセスを活用する材料構築の学問・研究レベルでの進歩は，高分子科学・材料科学・ナノテクノロジー・超分子化学・有機化学などの関係諸学問の発展と相まって，この20年の間に著しいものがある．しかし，実用化への産業的な展開はまだまだ不十分である．人類の諸課題の解決および持続性のある社会の構築のために，今後，自己組織化プロセスの活用は，ますます重要になっていくと考えられる．

　この自己組織化プロセスを，我々が自由に設計して，手繰ることができるようになると，多様な機能の高分子や低分子・無機物質を自在に分子・原子レベルで精密に並べることや，高性能の電池などをはじめとするエネルギー材料や，驚異的な性能を有する分離材料，高強度軽量の構造材料，薬物を狙った場所で自在に放出するドラッグデリバリーシステムなどの医用材料を作ることが可能になっていくはずである．

　自己組織化のさらなる材料への展開というアプローチを推進するために，今後の課題は二つあると考えられる．一つは，研究レベルでの自己

組織化における材料構築手法のさらなる高度化・進化である．我々が多様な構造を，自己組織化により作ることができるようになったといっても，無数の種類の分子が階層的に複合化した構造の生体に比べればまだまだ幼稚な段階である．もう一つは，自己組織化材料の実用化への取り組みである．このためには，大学の研究者と産業界の研究者・技術者のさらなる情報交換と共同が必要である．

このような目的のために，本書は，化学や材料関係の大学院生や大学・企業・公的研究機関の若手研究者，化学や材料以外の分野の研究者などに，自己組織化と材料のかかわりについて全体像を把握してもらうことを意図して企画された．本書においては，自己組織化の基本とその概要，さらに，自己組織化と機能性材料の関係が様々な角度から述べてある．本書は，全3章から構成されている．第1章は，イントロダクションである．第2章は，自己組織化と関連する高分子・液晶・薄膜・コロイド・ゲル・ハイブリッドといった個別の材料の最近の進歩と今後の展望について述べている．次に，第3章では，光・電子・イオン・力学・界面・ナノバイオといった機能の側面から，自己組織化と材料の関係を示してある．最初に述べたとおり，自己組織化の材料への展開は今後の人類にとって重要と考えられる．本書が，多くの若い研究者を刺激して，研究へのモチベーションとなり，貴重な情報源となって，新たなブレークスルーが生まれるきっかけになることにいささかでもお役にたてば幸いである．最後に本書の完成に当たり，熱心に原稿を書いてくださった執筆者の皆様および関係者の皆様に厚くお礼申し上げる．

2012年6月

代表執筆者　加藤隆史

執筆者紹介

第1章 加藤隆史* 東京大学 大学院工学系研究科
　　　菊池裕嗣　 九州大学 先導物質化学研究所
第2章
2.1節 菊池裕嗣　 九州大学 先導物質化学研究所
2.2節 吉尾正史　 東京大学 大学院工学系研究科
　　　一川尚広　 東京農工大学 大学院工学府
　　　加藤隆史* 東京大学 大学院工学系研究科
2.3節 関　隆広　 名古屋大学 大学院工学研究科
2.4節 竹岡敬和　 名古屋大学 大学院工学研究科
2.5節 今井宏明　 慶應義塾大学 理工学部
第3章
3.1節 関　隆広　 名古屋大学 大学院工学研究科
3.2節 安田琢麿　 九州大学 大学院工学研究院
3.3節 吉尾正史　 東京大学 大学院工学系研究科
3.4節 菊池裕嗣　 九州大学 先導物質化学研究所
3.5節 関　隆広　 名古屋大学 大学院工学研究科
3.6節 秋吉一成　 京都大学 大学院工学研究科
　　　佐々木善浩 東京医科歯科大学 生体材料工学研究所

（*：代表執筆者）

目 次

第 1 章　自己組織化と機能材料　　1

第 2 章　自己組織化と機能形成　　7

2.1　高分子　　7
- 2.1.1　はじめに　　7
- 2.1.2　積層ラメラ結晶　　8
- 2.1.3　スピノーダル分解　　10
- 2.1.4　ブロック共重合体のミクロ相分離　　13

2.2　液晶　　21
- 2.2.1　はじめに　　21
- 2.2.2　液晶の構造形成　　21
- 2.2.3　高分子液晶　　24
- 2.2.4　液晶の新しい流れ　　27
- 2.2.5　液晶の複合化　　29

2.3　薄膜　　32
- 2.3.1　ブロック共重合体薄膜における相分離の配向制御　　32
- 2.3.2　低分子アシスト水面展開法　　37

2.4　コロイド・ゲル　　43
- 2.4.1　はじめに　　43
- 2.4.2　平衡系のコロイド状集合体の構造　　43
- 2.4.3　平衡系のゲル状集合体の構造　　48
- 2.4.4　相分離に伴う沈殿化を利用した集合体の形成　　49
- 2.4.5　コロイド粒子が作る集合体　　51

2.5　無機／有機ハイブリッド　　55
- 2.5.1　はじめに　　55
- 2.5.2　平衡系の自己組織化による構造形成　　57
- 2.5.3　散逸構造による構造形成：有機分子による結晶成長の制御　　60

x 目次

　　　2.5.4　おわりに　.　.　.　.　.　.　.　.　.　.　.　.　.　.　.　.　.　.　64

第 3 章　自己組織化と機能　　67

3.1　光　.　67
　　3.1.1　分子集合体の光相転移　.　.　.　.　.　.　.　.　.　.　.　67
　　3.1.2　ブロック共重合体相分離構造の光制御　.　.　.　71
　　3.1.3　表面光配向　.　.　.　.　.　.　.　.　.　.　.　.　.　.　.　.　.　72
　　3.1.4　表面グラフト光応答高分子膜　.　.　.　.　.　.　.　75
3.2　電子　.　78
　　3.2.1　はじめに　.　.　.　.　.　.　.　.　.　.　.　.　.　.　.　.　.　.　78
　　3.2.2　有機半導体の電子機能　.　.　.　.　.　.　.　.　.　.　78
　　3.2.3　電子活性分子の自己組織化と機能　.　.　.　.　.　84
3.3　イオン　.　89
　　3.3.1　天然・人工イオンチャンネル　.　.　.　.　.　.　.　89
　　3.3.2　液晶性イオン伝導材料　.　.　.　.　.　.　.　.　.　.　91
3.4　力学　.　96
　　3.4.1　はじめに　.　.　.　.　.　.　.　.　.　.　.　.　.　.　.　.　.　.　96
　　3.4.2　液晶紡糸　.　.　.　.　.　.　.　.　.　.　.　.　.　.　.　.　.　.　96
　　3.4.3　ゲル　.　98
　　3.4.4　電気粘性効果　.　.　.　.　.　.　.　.　.　.　.　.　.　.　.　101
3.5　界面　.　104
　　3.5.1　分子集合体表面　.　.　.　.　.　.　.　.　.　.　.　.　.　.　104
　　3.5.2　グラフト高分子鎖表面　.　.　.　.　.　.　.　.　.　.　108
3.6　ナノバイオ　.　.　.　.　.　.　.　.　.　.　.　.　.　.　.　.　.　.　.　113
　　3.6.1　はじめに　.　.　.　.　.　.　.　.　.　.　.　.　.　.　.　.　.　.　113
　　3.6.2　リポソームの構造　.　.　.　.　.　.　.　.　.　.　.　.　.　114
　　3.6.3　リポソームの機能と利用　.　.　.　.　.　.　.　.　.　118
　　3.6.4　おわりに　.　.　.　.　.　.　.　.　.　.　.　.　.　.　.　.　.　.　120

索　引　　123

第1章

自己組織化と機能材料

　機能材料を作る場合，その材料の構造をいかに制御して，望む機能を発揮させるかが重要なポイントとなる．より精緻な構造の形成を目指して多くの努力が続けられている．そのためのアプローチの一つとして，「自己組織化」というキーワードが注目を集めている．自己組織化とは，分子や原子・イオンが，人の手を経ずに，最初のプログラムに従い，自発的に構造を組み立てていく過程である．古くから，自己組織化という言葉は様々な分野で使われている[1,2]．しかしながら，自己組織化を機能材料作製のプロセスに応用するという考えが本格化したのは，1980年代後半からと考えられる[2-7]．

　自己組織化が材料開発や材料生産に活用されるとどのようなメリットが生じるであろうか．単純に人の操作によってはできない高性能・高機能の材料が，単純な製造工程で，かつ低い消費エネルギーで作ることができるであろう．高性能・高機能材料の例としては，まずは，最新鋭の旅客機の機体に多く使われている炭素繊維複合材料のような軽量高強度材料，さらには，生体内の細胞にある精密な膜のような高効率・高選択性の機能性膜材料などが挙げられる．炭素繊維複合材料は，炭素繊維と例えばエポキシ樹脂が，あらゆる方向からの応力に耐えうるような繊維が積層して樹脂と三次元的に一体化した構造をしており，これを何段階にもわたり機械を使う人工的な加工プロセスにより作っている．このような構造を，自己組織化により，素材を「混ぜるだけ」で作ることができれば極めて有用である．自己組織化の重要な意義は，高性能・高機能の発現だけでなく，材料の煩雑な製造プロセスの大幅な簡略化と製造エ

ネルギー消費の削減ができることである．また，細胞膜は，脂質二分子膜とタンパク質からなっており，物質の選択的能動輸送など生命活動の維持に重要な役割を果たしている精密な分子複合体である．このようなナノレベルの構造を人工的な加工技術で生産することは不可能に近い．自己組織化により分子レベルで精密な構造ができれば，分離技術は飛躍的に向上するであろう．さらに，自然界の驚異といえる光合成プロセスにおいても，分子レベルの化学反応だけでなく分子の組織構造も重要である．例えば，光を集めるアンテナ部は，円筒状の自己組織構造を形成しており，この構造が光を有効に集める重要な働きをしていると考えられており，人工光合成の実現でも模範となる構造とされる．しかしながら，現在の科学技術では，この精緻な組織形成をそのまま実現することは極めて困難と言わざるを得ない．もし，このような自己組織化能の一部でも人工材料に適用できれば，画期的な光エネルギー機能材料が生まれるであろう．自己組織化という言葉は，材料科学において，このような夢を与えている．

自己組織化は平衡系と非平衡系の二つに大別される．平衡系とは，一般に閉鎖系でエントロピーの生成が完了した状態にあり，速度やプロセスに関係なく安定構造が決まる自己組織化である．例えば，液晶の構造形成（図 **1.1**）や [6,7]，ブロックポリマーのミクロ相分離構造形成（図 **1.2**）が [8,9]，代表的なものである．このプロセスは機能材料の構造制御に利用されている．例えば，平衡系の自己組織化素材である液晶は，分子の配列に関して自発的に秩序が生まれた状態である．熱により液晶となるサーモトロピック液晶と，溶媒の存在下液晶になるリオトロピック液晶とに分類されている．配列の仕方に応じて，スメクチック相，ネマチック相，コレステリック（キラルネマチック相）などがある．スメクチック液晶は層構造を形成することが特徴である（図 1.1(a)）．ネマチック液晶は，分子の重心の位置は等方性液体と同様に無秩序であるが，分子方位が一方向に揃った配向秩序をもっている（図 1.1(b)）．現在，フラットパネルディスプレイの主流となっている液晶ディスプレイは，ネマチック液晶が使われている．また，高強度繊維を製造する際に使われる液晶紡糸は，リオトロピック液晶のネマチック相から行われる．ジブ

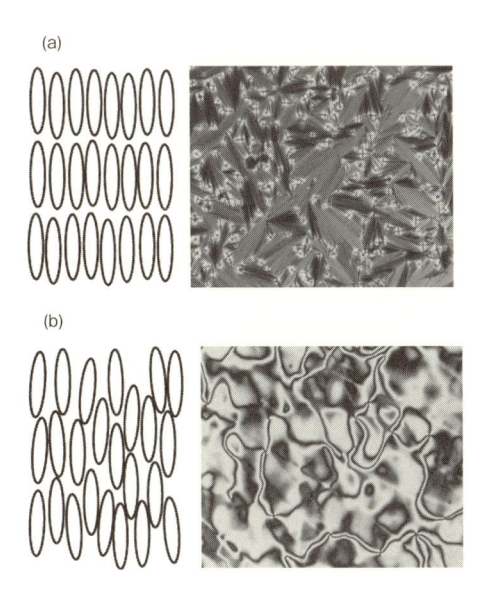

図 1.1 液晶の構造の例とその偏光顕微鏡写真．(a) スメクチック液晶，(b) ネマチック液晶．

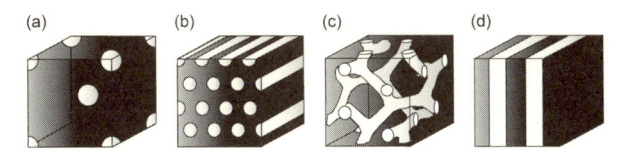

図 1.2 ジブロックコポリマーにより形成されるミクロ相分離構造．(a) 球状構造，(b) 柱状構造，(c) 共連続構造，(d) ラメラ構造．

ロックコポリマーによるミクロ相分離構造も，エラストマーをはじめ，微細加工，光・電子機能材料への応用が試みられている[8]．

一方，非平衡系の自己組織化とは，一般に開放形でエントロピーの生成が常に起こり続けている状態で達成され，いわゆる散逸構造がその代表的なものである．非平衡であるため速度などの時間的なパラメータにより安定構造が支配される．外界からのエネルギーの供給が必要な細胞

などの生体組織の自己組織化も非平衡系に分類される．

非平衡開放形で見られる自己組織化は，正帰還プロセスが介在する非線形現象が多く，特有のリズムやパターンが形成されることがある．その典型的な例として，反応しながらパターン構造ができるジャボチンスキー反応がある[1]．この反応は，セリウム塩などの金属塩と臭化物イオンを触媒としてマロン酸などのカルボン酸を臭素酸塩によりブロモ化する酸化還元反応であり，物質の濃度が周期的に変化する振動反応が起こり，図 1.3 のようなパターンが形成される．振動反応は，自己触媒的に増加する活性因子とその活性を抑える抑制因子の 2 変数反応拡散方程式で数学的にモデル化されるが，このモデルは他の分野でも観察される非平衡自己組織化現象にも普遍的に適用できる．

人工的なハイブリッド構造の形成への利用としては，高分子ヒドロゲル中における，パターン構造を有する炭酸カルシウムの結晶化がある[10]．炭酸アンモニウムの蒸気が塩化カルシウム水溶液中のヒドロゲル中で，ポリアクリル酸により濃縮されて結晶化が始まる．この時，ヒドロゲル中でのカルシウムイオンの供給が結晶化の速度に追いつかず，これにより，カルシウムイオンの濃度が結晶化に伴い振動することにより結晶の成長と停止が繰り返されて，図 1.4 に示すような，表面に規則的な凹凸のあるパターン構造ができると考えられている．

以上のように，自己組織化は，機能材料の製造プロセスを飛躍的に簡略化して省エネルギー性や環境低負荷性のプロセスに発展したり，従来の人工系材料にない機能を示す材料の創出につながる可能性が大であり，将来の材料革新にとって極めて重要な現象である．

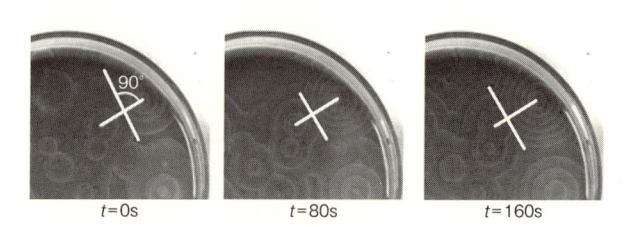

図 1.3 振動現象の模様．

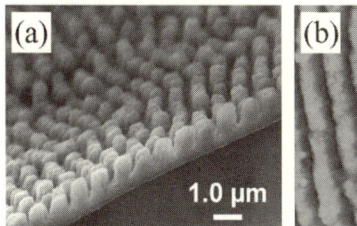

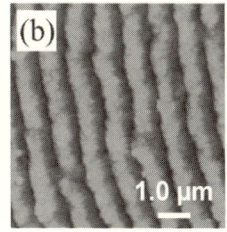

図 1.4 炭酸カルシウムのヒドロゲル中における自己組織化表面凹凸パターン構造の形成．(a) 電子顕微鏡写真，(b) 原子間力顕微鏡像．
出典：A. Sugawara, T. Ishii and T. Kato: *Angew. Chem. Int. Ed.*, **42**, 5299 (2003).

引用・参考文献

1) N. Zaikin and A. M. Zhabotinsky: *Nature*, **225**, 535 (1970).
2) G. M. ホワイトサイズ：日経サイエンス，1995 年 11 月号，p. 134.
3) G. M. Whitesides and B. Grzybowski: *Science*, **295**, 2418 (2002).
4) J.-M. Lehn: *Science*, **295**, 2400 (2002).
5) T. Kunitake: *Angew. Chem. Int. Ed.*, **31**, 709 (1992).
6) 加藤隆史，一川尚広：液晶，「ソフトマター」，高原淳，栗原和枝，前田瑞夫（編），(2009, 丸善) pp. 41-49.
7) T. Kato: *Science*, **295**, 2414 (2002).
8) 小村元憲，彌田智一：ブロック共重合体，「ソフトマター」，高原淳，栗原和枝，前田瑞夫（編），(2009, 丸善) pp. 59-69.
9) F. S. Bates: *Science*, **251**, 898 (1991).
10) A. Sugawara, T. Ishii and T. Kato: *Angew. Chem. Int. Ed.*, **42**, 5299 (2003).

第2章

自己組織化と機能形成

2.1 高分子

2.1.1 はじめに

　高分子が深く関わる自己組織化現象は，自然界に豊富に見出すことができる．人工の高分子材料においても，生体高分子には遠く及ばないものの，自己組織による多彩な構造制御が可能になってきた．高分子の自己組織化には，低分子の自己組織化と同様のメカニズムで単に分子量が大きい点のみが異なっているような場合もあるが，高分子特有といえる自己組織も多く見出されている．本節では，人工の高分子材料における高分子ならではの自己組織化現象にスポットを当て，その基本原理と最先端の研究例について紹介する．

　高分子特有の自己組織化は，無論，高分子特有の性質に由来するものであるが，その主なものとして以下を挙げることができる．

1. コンフォメーションの大きなエントロピー
　高分子は多数の結合におけるコンフォメーションの組み合わせの数が膨大になるため，コンフォメーションのエントロピーの効果が大きく，例えば溶融状態や溶液状態では，そのエントロピーを最大にしようとする結果，糸まり状のいわゆるランダムコイルとなる（ただし，剛直性高分子はこれには当てはまらない）．
2. 分子の並進運動のトポロジカルな制約
　高分子は鎖状に細長いことから鎖に垂直な並進運動は絡み合いを生じて制約を受けるが，鎖に沿った運動は許容される．

3. 遅い拡散

   分子量が大きいため拡散に長時間を要し，そのため低分子では瞬時に終わる現象も擬定常的に現れることがある．そのため過渡現象の観察が容易であり，ある過渡状態の構造を凍結などで固定化しやすい．
4. 異なる高分子同士の低い相溶性

   高分子は混合エントロピーが小さいため，異種高分子間の実効的斥力効果が顕著になり，異なる高分子同士の混合は相分離しやすい．高分子の分子量が増大するほどこの効果は大きくなる．

上記1および2の性質に関係する自己組織化としては，溶融状態からの結晶化で観察される高分子折りたたみ結晶のラメラ構造がある．また，高分子ブレンドなどで周期的な相分離が生じるスピノーダル分解が観測されるのは上記3および4の結果といえる．1および4による顕著な自己組織化現象としてはブロック共重合体のミクロ相分離を挙げることができる．いずれも高分子の様々な機能や性能に直結する重要な自己組織化であり，以下にこの三つの自己組織化について紹介する．

2.1.2 積層ラメラ結晶

結晶性高分子が溶融状態から冷却され結晶化する場合，形成される特徴的な構造は規則的に積層されたラメラ状結晶である（図 **2.1**）．ラメラの内部は，図 2.1 (c) に示すように分子鎖がラメラ層面に垂直で界面でループ状に折りたたまれた，いわゆる高分子の折りたたみ鎖から基本的にできており，各ラメラ間には非晶の層が挟まれている．直線状の分子鎖が互いに平行に凝集しようとする性質は，鎖状分子に普遍的に見られる性質であるが，一定間隔で折りたたまれる点と図 2.1 (d) のように結晶と非晶の層が交互に重なった長周期構造をもつ点が高分子の特徴である[1,2]．ポリエチレンやポリプロピレンなど結晶性高分子材料の力学特性は結晶の凝集構造に依存することになるため，このような構造が形成されるメカニズムを理解することは工業的にも重要である．熱力学的に考えれば，分子鎖が一次元的に伸びきって，全分子鎖が互いに平行に配列するのが最も安定のはずである．しかしながら，結晶化によって形成

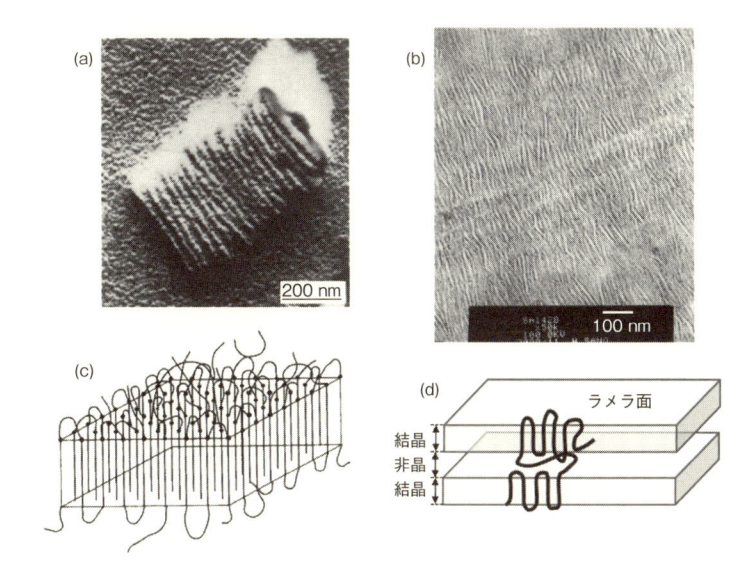

図 2.1 (a) イソタクチックポリスチレンの結晶核の透過型電子顕微鏡写真，(b) 配向ポリエチレンフィルムのラメラ構造の透過型電子顕微鏡観察写真，(c) 折りたたみ構造の模式図，(d) ラメラ構造の模式図．
(a) 出典：A. S. Vaughant and D. C. Bassettt: *Polymer*, **29**, 1397(1988).
(b) 出典：佐野博成：鑑識科学, 6, **1**(2001).

される構造は熱力学的平衡によって決まるのではなく，速度論によって決まることに注意しなければならない．高分子の溶融体ではランダムコイル状の分子鎖が互いに絡み合った無秩序な状態となっており，そこから結晶化によって熱力学的に最も安定な伸びきり鎖の結晶を形成しようとするためには，分子鎖の絡み合いを完全に解きほぐして整列させる必要がある．そのためには分子鎖の運動のトポロジカルな制約を受けながら解きほぐすことになるため，膨大な時間を要することになる．その結果，一定の時間内に解きほぐれなかった絡み合い部分は結晶からはじき出され，結晶と結晶の間に非晶として分離することになる[1]．これが結晶–非晶の二相ラメラ構造の原因である．すなわち，ランダムコイルから伸びきり鎖への形態変化の著しい立体的阻害が積層ラメラの形成の原因

図 2.2 等方相から配向秩序相へのスピノーダル分解型相分離の模式図.
出典：K. Kaji, K. Nishida, T. Kanaya, G. Matsuda, T. Konishi and M. Imai: Adv. Polym. Sci., **191**, 187(2005).

となっている．非晶になる分子鎖は絡み合いの他に，立体規則性の不整や分岐など高分子の一次構造に由来することもある．

上記の構造形成過程は核生成・成長によるものであるが，近年異なるメカニズムが確認され注目されている．溶融状態からの結晶化過程で，液晶のような中間的な状態の存在が観測された．この無秩序相から液晶秩序相への過程では両相の相分離がスピノーダル分解で起こることが理論的に予想されていたが，実験的にもこの現象が観測されている．この場合，図 2.2 のように無秩序相の中に分子が互いに平行に配向した秩序相の周期的な揺らぎが発生し，これが増幅して結晶化に至る[4]．このように高分子の結晶化過程では自己組織化メカニズムの概念が大きく変化しようとしている．

2.1.3 スピノーダル分解

相分離は，多成分の均一な混合状態から同種のもの同士が集合してマクロな分離が生じる現象であるが，条件によって特異な周期的構造を形

成することがある点で広義の自己組織と捉えることができる．均一な混合状態から相分離が生じる場合，熱力学的に不安定状態からと準安定状態からの2種類のプロセスがある．前者はスピノーダル分解で，後者は核生成・成長である．スピノーダル分解は，図 **2.3** のように周期的な共連結構造を形成する点で興味深く，機能性の観点でも重要である．ここでは，スピノーダル分解による相分離に焦点を絞ることにする．

二成分混合系の自由エネルギーは，互いの相溶性を表すパラメータ χN（χ：Flory-Huggins 理論で導入される高分子間のモノマーあたりの相互作用を表す無次元のパラメータ，N：重合度）に応じて図 **2.4** のような曲線を描く [6]．χN が十分小さいときは曲線は単調な下に凸の形状で（図 2.4 (a)），二成分混合系は一相の均一状態が安定である．しかしながら，χN がある臨界値より大きくなると曲線の中央部に上に凸の領域が現れ，二相の相分離領域が出現する（図 2.4 (b)）．自由エネルギーの濃度に対する一次微分係数がゼロのラインをバイノーダル線，同じく二次微分係数がゼロのラインをスピノーダル線という．バイノーダル線とスピノーダル線の間の領域，すなわち二相領域で F が下に凸の領域が準安定領域，スピノーダル線の内側，すなわち F が上に凸の領域が不安定領域となる．スピノーダル線の内側では成分のわずかな濃度揺らぎが増幅され，相分離が急速に進む．この相分離をスピノーダル分解という．通常，物質は濃度の高いところから低いところへ移動するが，スピノーダル分解では逆に濃度の低いところから高いところへ物質が移動する．この現象

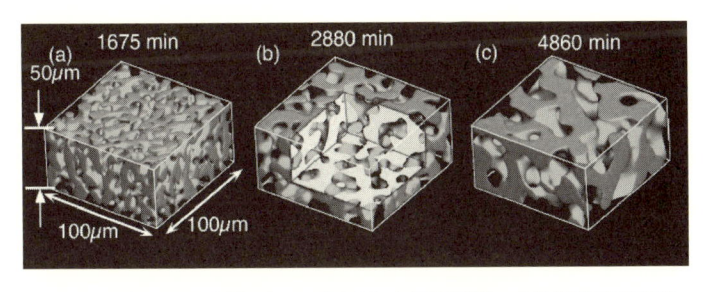

図 **2.3** スピノーダル分解によって形成される相分離構造の共焦点顕微鏡観察像．
出典：陣内浩司，西川幸宏，長谷川博一：高分子論文集，**56**, 837(1999).

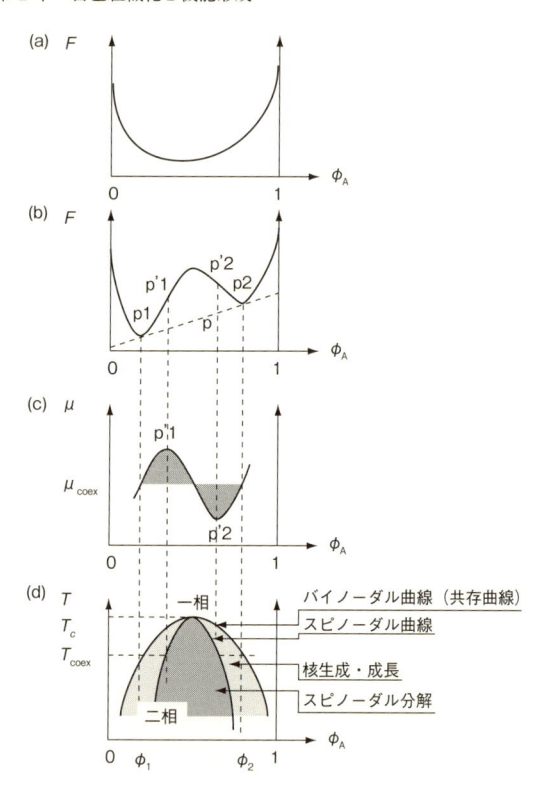

図 2.4 二成分混合系の自由エネルギー．(a)χN が十分小さいとき，(b)χN が臨界値を越え相分離を起こすとき，(c) そのときの化学ポテンシャル，(d) 相図．
出典：M. Kleman and O. D. Lavrentovich: "Soft Matter Physics", (Springer, 2003).

は Uphill 拡散と呼ばれ，形式的に拡散係数は負となる．それではなぜ，このような逆向きの拡散がスピノーダル分解では起こるのか？ 通常，拡散は濃度が均一になるように作用する．しかし，正しくは，均一になるべきものは濃度ではなく化学ポテンシャルであることに注意しなければならない．熱力学的には，物質は化学ポテンシャルの高いところから低いところへ移動する．したがって，化学ポテンシャルの濃度に対する

勾配が拡散の向きを決める．化学ポテンシャルは自由エネルギーの濃度に対する一次微分係数であるので，自由エネルギーの濃度に対する二次微分係数が正であれば高い濃度のところが高い化学ポテンシャルをもつことになり，通常の Downhill 拡散が起こる．バイノーダル領域はこの状態にある．一方，スピノーダル線の内側では自由エネルギーの濃度に対する二次微分係数が負であるため化学ポテンシャルの勾配は逆になり，濃度の低いところから高いところへ物質の移動，すなわち Uphill 拡散が起こる．

スピノーダル領域では，このような負の拡散係数のため，わずかな濃度揺らぎに対しても復元力が働かない．したがって，爆発的に相分離が進行する．しかし，全ての波長の揺らぎが同じように成長するわけではなく，特定の波長の濃度揺らぎが成長しやすい．なぜならば，長い波長の揺らぎは分子の長距離の拡散を伴うので物質の移動に時間がかかり，成長は遅くなる．一方，短い波長の揺らぎは多数の界面を作る必要があるので，界面エネルギーのロスを伴うことになり，やはり成長は遅くなる．そのため，その中間のある最適の波長の揺らぎが優先的に成長し，その結果，特徴的な長さの周期構造をもった相分離が進行する．スピノーダル分解で生じる相分離の特に初期に特異な共連結の周期構造が形成されるのはこのためである．核生成・成長メカニズムで相分離が進行するバイノーダル領域での不規則な相分離構造とは対照的である．

2.1.4 ブロック共重合体のミクロ相分離

互いに相溶しにくいホモポリマー同士を混合すると，界面エネルギーを最小化しようとしてマクロな相分離を生ずる．一方，互いに相溶しにくい2種類の高分子 A および B を化学結合で連結した AB ジブロック共重合体は，相分離するドメインのサイズに制約があるためミクロなスケールで相分離する．このミクロ相分離は，両親媒性分子の示すリオトロピック液晶構造とアナロジーがあり，極めて特徴的な自己組織構造と高次の長距離秩序を与える．図 2.5 は典型的なジブロック共重合体の相図と観察されるミクロ相分離構造の模式図である[7]．

図 2.5 のように A/B の割合のどちらか一方の成分が低い方から 50/50

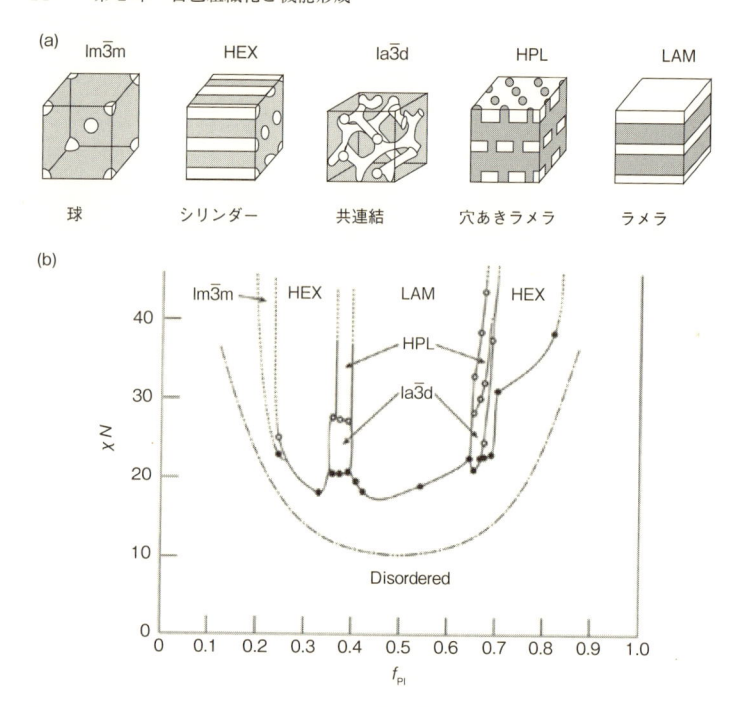

(a) Im$\bar{3}$m / HEX / Ia$\bar{3}$d / HPL / LAM
球 / シリンダー / 共連結 / 穴あきラメラ / ラメラ

(b) 相図：Im$\bar{3}$m, HEX, LAM, HEX, HPL, Ia$\bar{3}$d, Disordered. 縦軸 χN, 横軸 f_{Pl}.

図 2.5 二元ブロック共重合体のミクロ相分離構造の (a) 模式図と (b) 相図.
出典：A. K. Khandpur, S. Foerster, F. S. Bates, I. W. Hamley, A. J. Ryan, W. Bras, K. Almdal and K. Mortensen: *Macromolecules*, **28**, 8796 (1995).

にかけて，球状ドメインの体心立方格子配列（球），円柱状ドメインの六方晶配列（シリンダー），層状ドメインの積層配列（ラメラ）と変化するが，ラメラとシリンダーの間の狭い範囲で三次元共連結ネットワーク構造（ジャイロイド）が形成されることがある[8]．ラメラ以外は界面が曲面を作ることによって形成される．曲面となるのは非圧縮性の条件下，AとBの体積分率が非対称になることに由来する．

AとBの相溶性が低く偏斥が強い場合，相分離した各ドメイン間の界面はシャープになる．このような場合のミクロ相分離構造は (1) A/B間の界面エネルギー，(2) 高分子鎖が界面によって自然なガウス鎖状態よ

り伸張することによるエントロピー由来の弾性エネルギー，(3) 界面の曲げ変形に起因する弾性エネルギー（自発曲率からの平均曲率のずれによる弾性とガウス曲率による弾性が含まれる）の 3 種のエネルギーの競合によって決まる．ラメラ相の場合，界面は平面状であるので (3) の効果はなく (1) と (2) の競合によってラメラ周期 D が決まる．重合度に対して，$D \sim N^{2/3}$ が成り立つことが理論的にも実験的にも確かめられている．ラメラ構造以外では曲面の界面をもつことになるので，(1)〜(3) の全てが寄与する．(3) の曲げの弾性変形には，曲面に定義される二つの主

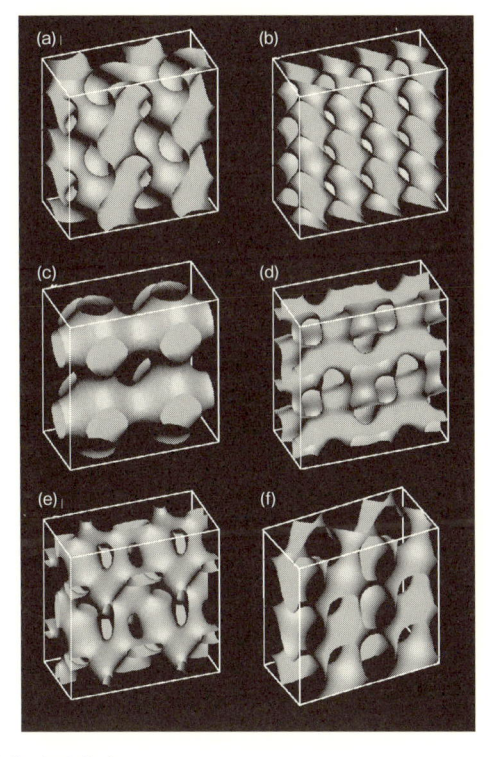

図 **2.6** 各種の極小曲面．(a) Gyroid, (b) D-surface, (c) P-surface, (d) I-WP, (e) Neovius, (f) tD-surface．
出典：陣内浩司, 西川幸宏, 長谷川博一：高分子論文集, **56**, 837(1999).

曲率の平均曲率 c_m の変化と二つの平均曲率の積で与えられるガウス曲率 c_g の変化がある．界面がそのトポロジーを変えないで変形するときには，c_m が極小となる形状が安定となり，$c_m = 0$ の曲面を最小曲面と呼ぶ．また，曲面はガウス曲率 c_g の符号により分類でき，$c_g > 0$ のとき曲面は閉じて楕円体や球，$c_g = 0$ のときは円筒や円錐，$c_g < 0$ のとき双曲面と呼ばれる鞍型のように無限に広がった曲面となる．ジャイロイド構造は $c_g < 0$ の双曲面から形成されており，二つの主曲率の符号が異なるため c_m がゼロに近い値をとる．このようにジャイロイド構造は一見複雑であるが，界面の曲げ弾性の観点からは安定な構造である．なお，双曲面からなる極小曲面にはジャイロイド以外に D-surface や P-surface があることが知られている（図 **2.6**）[10]．

ミクロ相分離構造の解析には散乱手法が古くから使われてきたが，近年顕微鏡技術が飛躍的に進歩し，三次元の実像観察が比較的容易になった [9]．ブロック共重合体の場合，ミクロ相分離構造の特性長は nm オーダーとなるので透過型電子線トモグラフィー法 (TEMT) が威力を発揮する．図 **2.7** はポリスチレン (PS) とポリイソプレン (PI) が直線状に連結した SIS トリブロック共重合体の TEMT 観察像である [10]．PS 相は

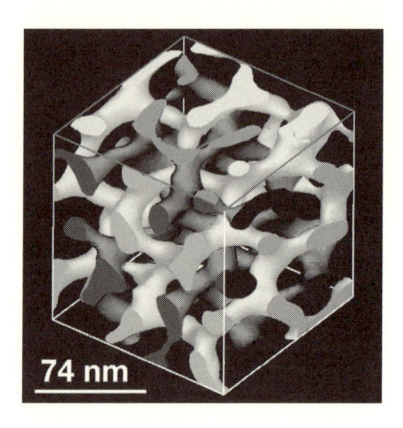

図 **2.7** ABA 三元ブロック共重合体に観察されるミクロ相分離構造．
出典：H. Jinnai, Y. Nishikawa, R. J. Spontak, S. D. Smith, D. A. Agard and T. Hashimoto: *Phys. Rev. Lett.*, **84**, 518(2000).

二つの独立した三分岐ネットワーク相からなり，$Ia\bar{3}d$ という空間群に属するジャイロイド構造であることが明らかとなった．また，ポリスチレン／ポリブタジエン／ポリメタクリル酸メチルトリブロック共重合体においてポリブタジエン相がポリスチレン相のシリンダーの周囲をらせん状に取り巻いている像も観察されている（図 **2.8**）[11]．

ABCトリブロック共重合体で，三つの高分子を1点で結合させた ABC 星型共重合体では，結合点が直線状に配列したカラム状構造を形成しやすい．各成分は結合点が配列して作る直線に対して垂直な面を形成し，多角形の集合体を自己組織的に形成する．この構造は二次元タイリングとして多様な対称性を示す．松下らは，様々な ABC 星型共重合体を合成し，ミクロ相分離の二次元タイリングを体系化した．三成分がほぼ同じ長さの場合には，六角形のドメインが蜂の巣に並んだ3回対称の (6.6.6) タイリング，成分比が変化すると4回対称の (4.8.8)，6回対称の (4.6.12) 構造となる．これらの中間に，三角形や四角形が規則的に並んだ (3.3.4.3.4) 構造も観察される．これらの正多角形のみからなる4種の

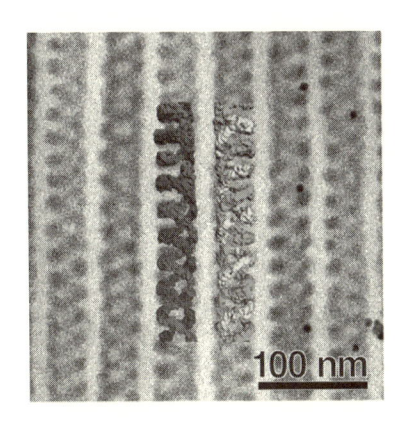

図 **2.8** ポリスチレン／ポリブタジエン／ポリメタクリル酸メチルトリブロック共重合体において，ポリブタジエン相がポリスチレン相のシリンダーの周囲をらせん状に取り巻いている構造．

出典：H. Jinnai, T. Kaneko, K. Matsunaga, C. Abetz and V. Abetz : *Soft Matter*, **5**, 2042(2009).

規則タイリングはアルキメデスタイリングとして知られている．さらに，12回対称準結晶も見出されていることは大変興味深い（図 **2.9**）[12]．

彌田らは，ジブロック共重合体の各高分子成分として，より高い偏斥効果を与える両親媒性と異方的な分子配向秩序を与える液晶性を導入した．具体的には，親水性ポリエチレンオキシド (PEO) と側鎖にアゾベンゼンメソゲン基をもつポリメタクリレート (PMA(Az)) からなる両親媒性液晶ブロック共重合体を作製した．この共重合体では PMA(Az) の分率が 50〜90％の広い範囲でシリンダー相が現れ，さらに，水面展開膜や各種基板にコートし熱処理した薄膜において，図 **2.10** のようにシリンダー軸が基板面に対して高度に垂直配向することが確認された [13]．さらに，PEO のシリンダー間において周期 3 nm の縞状構造が観察されている．この縞は，PMA(Az) の側鎖メソゲン基が形成したスメクチック相の層構造と帰属された．層は基板に平行，すなわちシリンダー軸に垂

図 **2.9** ABC 星型共重合体において形成される 12 回対称準結晶構造.
出典：K. Hayashida, T. Dotera, A. Takano and Y. Matsushita: *Phys. Rev. Lett.*, **98**, 195502 (2007).

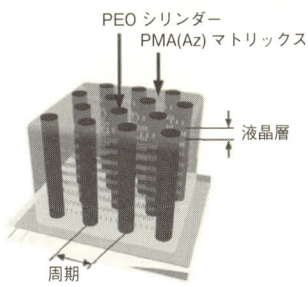

図 2.10 両親媒性液晶ブロック共重合体の高配向ミクロ相分離構造.
出典：Y. Tian, K. Watanabe, X. Kong, J. Abe and T. Iyoda: *Macromolecules*, **35**, 3739(2002).

直に配向している．彌田らはこのミクロ相分離構造をテンプレートとして金属，半導体，セラミックス，ポリマーなど各種材料への転写・複合化プロセスの開発へと展開させている．このような高度垂直配向をもつ大面積フィルムが roll-to-roll などによって連続生産できることから，工業的な応用が期待されている．

引用・参考文献

1) G. Strobl: "The Physics of Polymers", (Springer, 2007).
2) A. S. Vaughant and D. C. Bassettt: *Polymer*, **29**, 1397(1988).
3) 佐野博成：鑑識科学, 6, **1**(2001).
4) K. Kaji, K. Nishida, T. Kanaya, G. Matsuda, T. Konishi and M. Imai: *Adv. Polym. Sci.*, **191**, 187(2005).
5) 陣内浩司, 西川幸宏, 長谷川博一: 高分子論文集, **56**, 837(1999).
6) M. Kleman and O. D. Lavrentovich: "Soft Matter Physics", (Springer, 2003).
7) A. K. Khandpur, S. Foerster, F. S. Bates, I. W. Hamley, A. J. Ryan, W. Bras, K. Almdal and K. Mortensen: *Macromolecules*, **28**, 8796(1995).
8) M. W. Matsen and F. S. Bates: *Macromolecules*, **29**, 1091(1996).
9) H. Jinnai, R. J. Spontak and T.nishi :*Macromolecules*, **43**, 1675 (2010).
10) H. Jinnai, Y. Nishikawa, R. J. Spontak, S. D. Smith, D. A. Agard and T. Hashimoto: *Phys. Rev. Lett.*, **84**, 518(2000).
11) H. Jinnai, T. Kaneko, K. Matsunaga, C. Abetz and V. Abetz : *Soft Matter*, **5**, 2042(2009).
12) K. Hayashida, T. Dotera, A. Takano and Y. Matsushita: *Phys. Rev. Lett.*, **98**, 195502 (2007).
13) Y. Tian, K. Watanabe, X. Kong, J. Abe and T. Iyoda: *Macromolecules*, **35**, 3739(2002).

2.2 液晶

2.2.1 はじめに

分子が流動性を保ったまま自己組織的に分子秩序構造を形成した状態を液晶[1]という。液晶の魅力的な特徴の一つは、電場・熱・圧力などの外部刺激や界面との相互作用により分子の配列が制御できることである。これにより、材料の力学的な性質や光学的な性質などを制御することができる。これは他の結晶性材料や非晶性材料にはない特徴である。この液晶の動的(ダイナミック)な性質を巧みに利用することで、ディスプレイ材料や高強度・高弾性率材料としての応用にとどまらない新しい機能材料としての展開が期待されている。本節では、液晶の設計と分子自己組織化による構造形成および液晶の複合化について解説する。

2.2.2 液晶の構造形成 [1]

液晶は、大きく分けて、サーモトロピック液晶とリオトロピック液晶に分類される。サーモトロピック液晶は、ある温度範囲で液晶性を示す物質のことである。発現する液晶構造を決める要素としては、分子形状と分子間相互作用が重要である。例えば、芳香環などからなる直線的な剛直部分(棒状メソゲン)とアルキル鎖からなる棒状分子1(図2.11)では、アルキル鎖がペンチル基($n=5$)の場合は、分子の重心位置が不規則なネマチック相のみを示すのに対し、オクチル基を有する化合物1($n=8$)では、ネマチック相に加えて、その低温領域で層状構造のスメクチック相を発現する。一方、芳香環からなるディスク状メソゲンと柔軟なアルキル鎖からなる円盤状分子2や3では、ディスクが一次元的に重なるこ

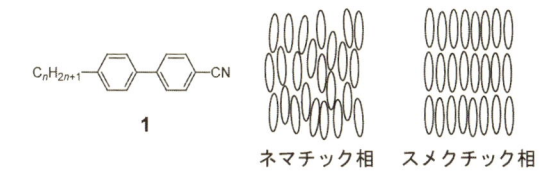

図 2.11 棒状液晶分子1とその液晶構造(ネマチック相とスメクチック相).

とにより，カラムナー相を形成する（図 2.12）.

　溶媒に溶質が溶けた濃厚状態において発現する液晶相は，リオトロピック液晶と呼ばれる．溶媒と溶質の相互作用と溶質分子内の極性基と非極性基との相分離を駆動力として液晶相が発現し，溶質の濃度を変えることにより，ラメラ相，双連続キュービック相，カラムナー相，ミセルキュービック相などの様々なナノ相分離構造（図 2.13）が形成される．リオトロピック液晶性を示す分子の例として，両親媒性の分子構造を有するリン脂質，長鎖アルキル基を有するアンモニウム塩，DNA などがある．また，剛直な生体高分子のポリペプチド，タバコモザイクウイルス，セルロースやキチンの誘導体などでは，ネマチック相やらせん構造を有するコレステリック相を発現するものがある．

　ナノスケールの相分離を液晶形成の駆動力とするサーモトロピック液晶もある[2-4]．分子内に互いに混ざり合わない 2 種類以上の分子骨格を連結したブロック構造を有する分子では，非相溶成分の体積バランス，分子間相互作用および分子形状に依存して，リオトロピック液晶のような

図 2.12　円盤状液晶分子 2, 3 とカラムナー液晶構造．

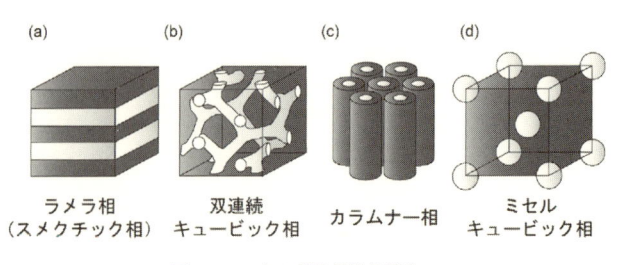

(a) ラメラ相（スメクチック相）　(b) 双連続キュービック相　(c) カラムナー相　(d) ミセルキュービック相

図 2.13　ナノ相分離液晶構造．

多様なナノ相分離構造（図 2.13）が発現する．非相溶なブロック構造を有する液晶分子の例を図 **2.14** に示す．長鎖アルキル基を有する糖誘導体 4 は，親水性の糖骨格とアルキル鎖の相分離および水酸基間の水素結合形成によりスメクチック相を示す[5]．メソゲン構造を有するイオン性

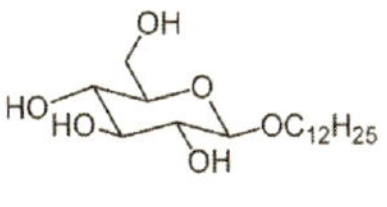

4

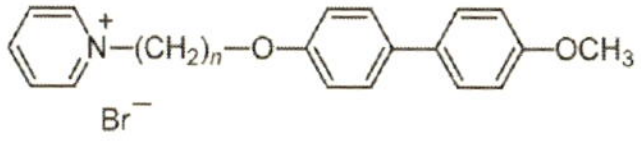

5

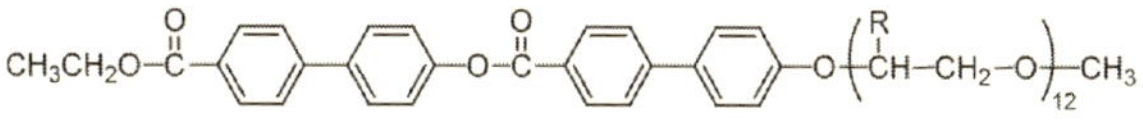

6 : R = H, CH$_3$

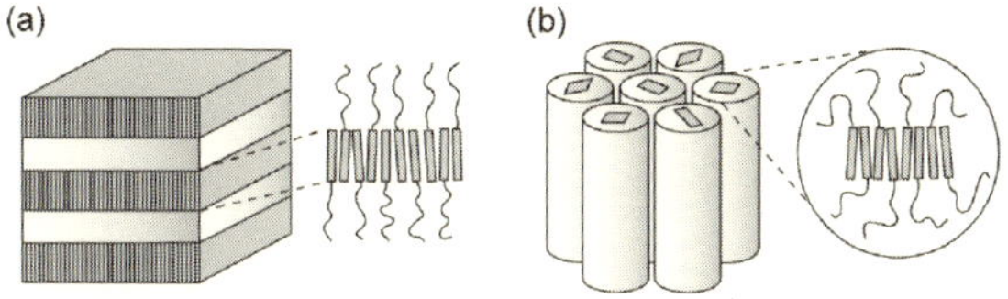

図 **2.14** ナノ相分離構造を形成するサーモトロピック液晶性分子および分子 6 (R = H) が示すスメクチック構造と分子 6 (R = CH$_3$) が発現するカラムナー構造．

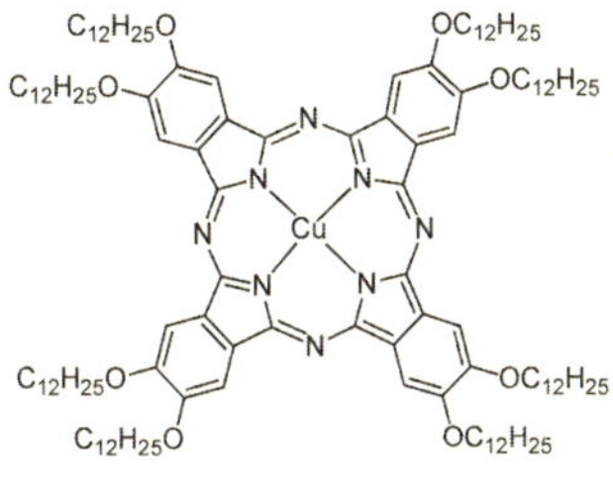

7[10]

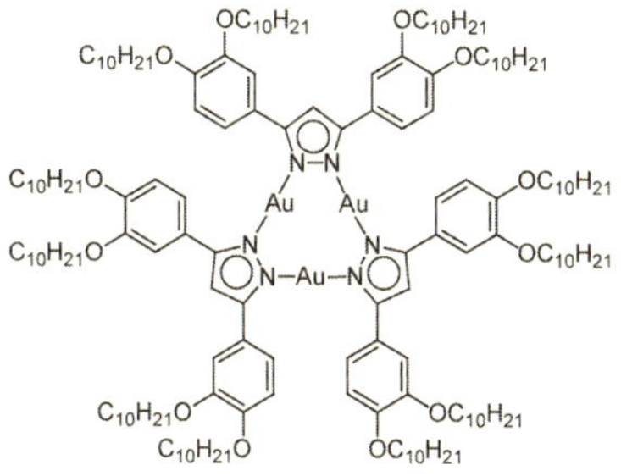

8[11]

図 **2.15** 金属錯体液晶の例．

分子5では，イオン部位とメソゲン部位のナノ相分離形成と静電相互作用によりスメクチック相が発現する[6,7]．剛直なメソゲンと柔軟なエーテル鎖からなるロッド–コイル構造をもつ分子6では，オキシエチレン鎖を有する分子6（R = H）がスメクチック相を示すのに対し，親水性部位の体積が大きいオキシプロピレン鎖を有する分子6（R = CH_3）ではカラムナー相が発現する[8]．

金属イオンと有機分子の配位結合を利用した液晶材料の構築も行われている．これらは金属錯体液晶と呼ばれ，金属錯体特有の電子状態に由来した電気伝導性，磁性，クロミズム，エネルギー移動などが研究されている[9]．例えば，図 2.15 に示すようなカラムナー液晶性を発現する銅フタロシアニン誘導体7やメタロクラウン構造を有するピラゾールの三核金錯体8などがある．

2.2.3 高分子液晶 [1]

液晶性を示す高分子のことを高分子液晶という．高分子液晶はその高分子構造によって二つに大別される．剛直なメソゲン骨格を主鎖に有するものは主鎖型高分子液晶，屈曲性の高分子主鎖の側鎖にメソゲン構造が導入されたものは側鎖型高分子液晶と呼ばれる．図 2.16 にこれらの高分子液晶の例を示す．高分子9は，芳香環と柔軟なアルキル鎖が交互

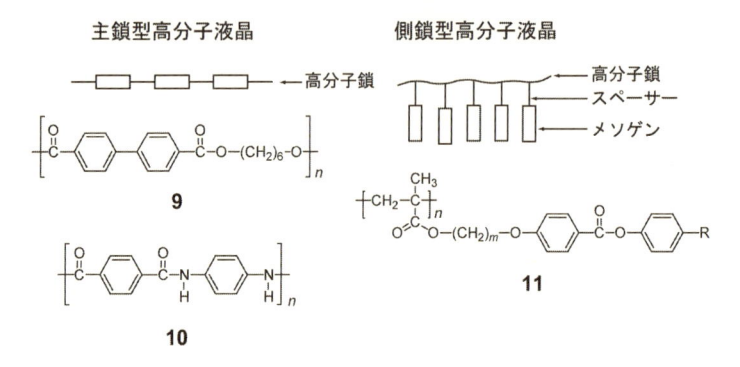

図 2.16 主鎖型高分子液晶 9, 10 と側鎖型高分子液晶 11.

に繰り返した構造を有し,サーモトロピックスメクチック液晶相を示す.芳香族とアミド結合からなる剛直な主鎖骨格を有する高分子 10 は,濃硫酸溶液中でリオトロピックネマチック相を形成する.液晶状態の高分子 10 を紡糸することにより高強度・高弾性の繊維(ケブラー繊維)を作ることができる.側鎖型高分子液晶の例として,高分子 11 のメソゲン末端の置換基 (R) とスペーサーのメチレン鎖長 (m) が液晶性に及ぼす効果が調べられている[12].例えば,高分子 11 (R = OCH_3, $m = 6$) はネマチック相を示し,高分子 11 (R = OC_6H_{13}, $m = 6$) はスメクチック相を形成する.側鎖型高分子液晶では,高分子の主鎖が液晶材料への機械的な強度を付与しつつ,側鎖メソゲン基をメチレン鎖などのスペーサーを介して主鎖から離すことにより低分子液晶と似たモビリティーを与えることができる.主鎖型高分子液晶は主に高強度・高弾性のエンジニアリングプラスチックとして,側鎖型高分子液晶は光・電子・イオン機能などを示す機能材料としての応用が研究されている.機能性の側鎖型高分子液晶の例としては,例えば,メソゲン基が導入されたポリアセチレンやポリチオフェンが合成されており,異方的な電気伝導性や偏光発光などの機能が調べられている[13].

高分子液晶に部分的な架橋構造を導入すると,液晶としての外部刺激

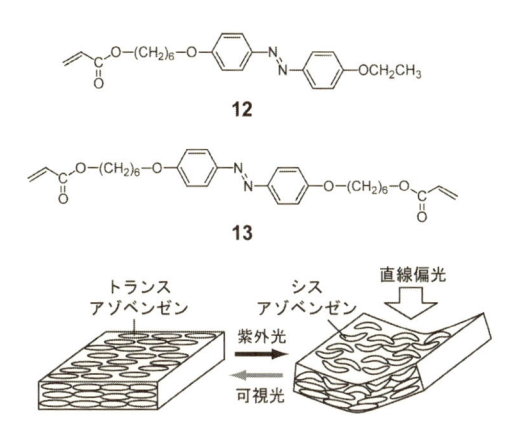

図 2.17 アゾベンゼン液晶エラストマーの光メカニカル応答.

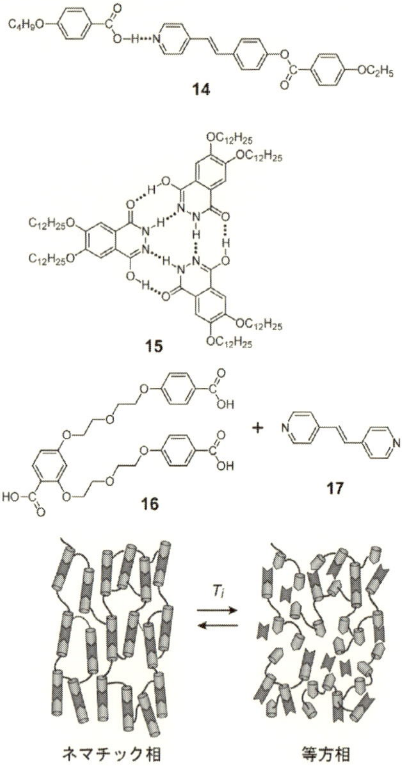

図 2.18 超分子液晶の例.

応答性とエラストマーとしての力学特性（ゴム弾性）を併せもつユニークな材料が得られる．これらは液晶エラストマーと呼ばれ，人工筋肉やセンサーへの応用が期待されている[14]．伸縮性に優れた液晶エラストマーの設計においては，室温以下にガラス転移を示すポリシロキサンを主鎖とする高分子液晶が用いられている．光異性化するアゾベンゼンをメソゲンとする重合性ネマチック液晶 12, 13 を架橋することにより，直線偏光を当てると偏光方向に屈曲する機能性フィルムの開発も行われている（図 **2.17**）[15]．また，円盤状のディスコチック液晶を光により架橋

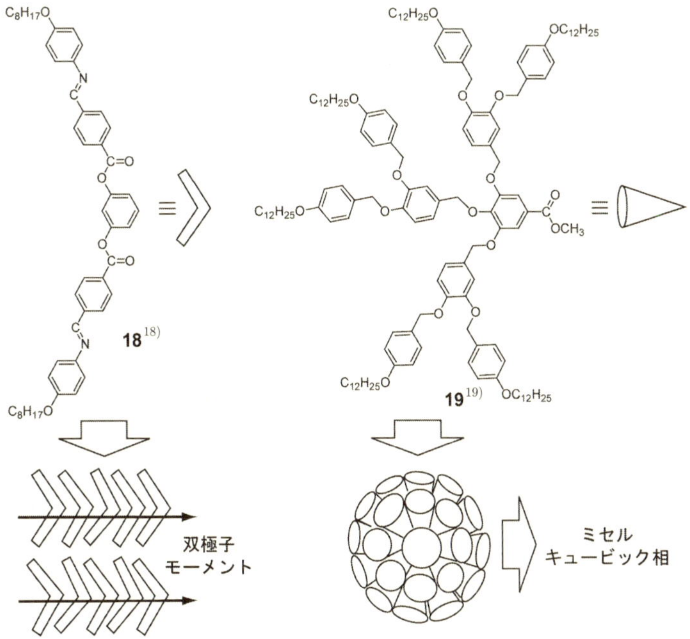

図 2.19 バナナ型液晶およびデンドロン型液晶の集合構造.

して得たフィルムは,液晶ディスプレイ用の光学補償フィルムとして実用化されている[16].

2.2.4 液晶の新しい流れ

安息香酸誘導体とピリジン誘導体の水素結合により接続された超分子複合体 14（図 2.18）は,あたかも一つの分子のようにふるまい,ネマチックおよびスメクチック液晶性を発現する[3,17]. これはカルボキシル基とピリジル基が水素結合により擬似的なメソゲン骨格が形成されるためである.また,2 本の長鎖アルキル基を有するフタルヒドラジド誘導体 15（図 2.18）は,水素結合により三量体からなる擬似ディスク構造を形成してカラムナー相を発現する[3]. 複数のカルボキシル基を有する化合物 16 とピリジン誘導体 17 の複合体も同様に,水素結合により擬似メ

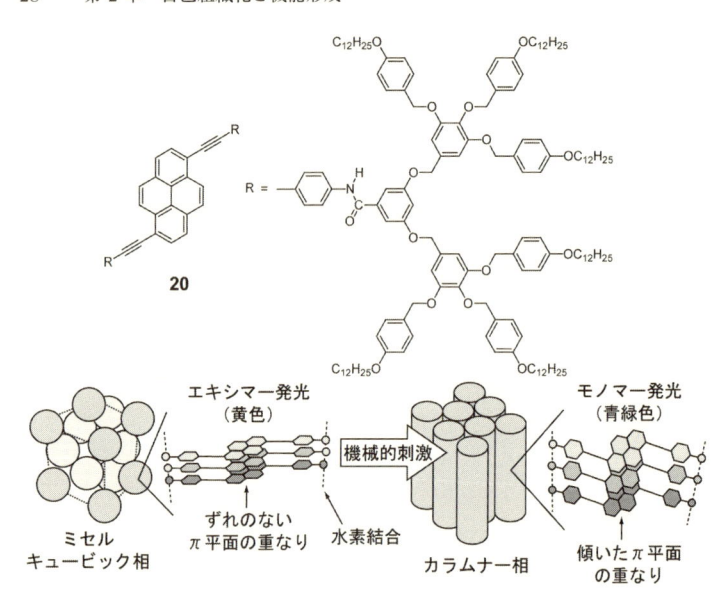

図 2.20　メカノクロミック液晶の分子集合構造と発光挙動.

ソゲン構造を形成してネマチック液晶性を示す（図 2.18）[3]．このように独立した複数の分子が水素結合などの非共有結合により明確な分子複合集合体を形成し液晶相を示すものを超分子液晶と呼ぶ．

棒状や円盤状といった液晶分子の基本デザインに加えて，近年では様々な分子形状の液晶が見出されている．例えば，図 2.19 に示すような折れ曲がった分子構造のバナナ型液晶 18 や円錐型のデンドロン分子 19 などがある．バナナ型液晶 18 は，不斉炭素をもたないが，分子のパッキング効果によって強誘電性が発現することが見出されている．また，反強誘電性やらせん構造を誘起するバナナ型液晶も見つかっており，新しいディスプレイ材料への応用が期待されている．デンドロン分子 19 は，約 40 個の分子が球状に集合してミセルキュービック相を発現する．デンドロンに導入するアルキル鎖の数やデンドロンの世代を変えることにより，発現する液晶相を制御することができるため，デンドロン骨格は液晶分子の構築部材として有用である．

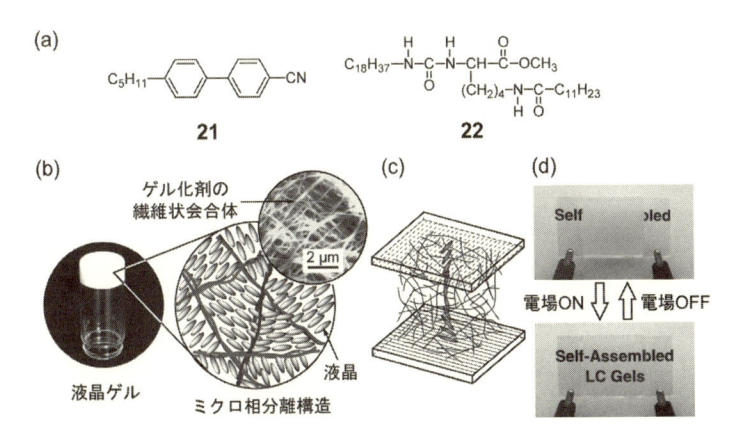

図 2.21 (a) ネマチック液晶とゲル化剤, (b) 液晶ゲルのミクロ相分離構造, (c) TN セル中の液晶ゲル, (d) 液晶ゲルの電場による光散乱–透過スイッチング.

液晶の分子骨格に光・電子・イオン機能などを示す機能性基を導入することにより, 液晶の動的な特性を活かした新しい機能性材料の構築が行われている. 発光性のピレンにデンドロン骨格を導入した分子 20 (図 2.20) は, 機械的刺激に応答して発光色が変わるメカノクロミック機能を示す [20,21]. 分子 20 のキュービック相においては, ピレンのエキシマー形成による黄色発光が見られるが, せん断応力により誘起されるカラムナー相では, ピレンのモノマー発光に由来する青緑色発光が観察される (図 2.20). 電子機能を有する液晶としては, ペリレンビスイミド誘導体やヘキサベンゾコロネン誘導体などのπ共役系分子の電荷輸送特性が研究されている [22–24]. また, リチウムイオン電池などのエネルギーデバイスの電解質への応用を指向したイオン伝導機能を有する液晶や架橋高分子の開発も行われている [3,24]. これらの電子機能性液晶やイオン伝導性液晶の詳細については, 第 3 章 3.2, 3.3 節を参照されたい.

2.2.5 液晶の複合化

液晶と低分子ゲル化剤を複合化することにより, 液晶ゲルが得られる (図 2.21 (a,b)) [25]. 液晶ゲルは, 低分子ゲル化剤が集まってできた網目

状のファイバー（固相）と，液晶溶媒（液晶相）からなるミクロ相分離構造を形成している（図 2.21 (b)）．電場応答性のネマチック液晶 21 とゲル化剤 22 からなる液晶ゲルをねじれネマチック (TN) セル（図 2.21 (c)）に導入した場合には，電場応答性の向上[25]，単純に透明電極に挟んだ場合には効果的な光散乱（白濁）および光透過（透明）のスイッチング（図 2.21 (d)）が観測される[25]．また，光伝導性を示すトリフェニレン誘導体のカラムナー液晶をゲル化剤のファイバーと複合化した場合には，ホール移動度が向上することが見出されている[26]．

液晶と金属・金属酸化物のナノ粒子との複合化も研究されている[27-29]．例えば，チオール基・アミノ基・リン酸基などを有するサーモトロピック液晶を用いた金ナノ粒子や酸化鉄ナノ粒子の表面修飾により，無機／有機ハイブリッド液晶が構築されている[28,29]．また，液晶とカーボンナノチューブとの複合化も行われており，カーボンナノチューブの配向制御や導電性が調べられている[30,31]．

本節では，液晶の分子デザインとその自己組織化構造および液晶の複合化について述べた．紙面の都合から本節では述べられなかったが，重合性リオトロピック液晶の光架橋による触媒・物質輸送・分離機能を示すナノ構造材料の構築[32] やクロモニック液晶[33] と呼ばれるイオン基を有する芳香族色素分子が示すリオトロピック液晶の配向制御による光機能性材料作製[34] などが研究されている．液晶のダイナミックな性質とナノ構造を制御することにより，新しい機能性材料の開発が期待される．

引用・参考文献

1) 液晶便覧編集委員会（編）：「液晶便覧」，（丸善，2000）．
2) T. Kato: *Science*, **295**, 2414 (2002).
3) T. Kato, N. Mizoshita and K. Kishimoto: *Angew. Chem. Int. Ed.*, **45**, 38 (2006).
4) C. Tschierske: *J. Mater. Chem.*, **11**, 2647 (2001).
5) V. Vill and R. Hashim: *Curr. Opin. Colloid Interface. Sci.*, **7**, 395 (2002).
6) K. Binnemans: *Chem. Rev.*, **105**, 4148 (2005).
7) 氏家誠司: 液晶, **10**, 121 (2006).
8) M. Lee, B.-K. Cho and W.-C. Zin: *Chem. Rev.*, **101**, 3869 (2001).

9) B. Donnio and D. W. Bruce: *Struct. Bond.*, **95**, 193 (1999).
10) C. Piechocki, J. Simon, A. Skoulios, D. Guillon and P. Weber: *J. Am. Chem. Soc.*, **104**, 5245 (1982).
11) J. Barberá, A. Elduque, R. Giménez, L. A. Oro and J. L. Serrano: *Angew. Chem. Int. Ed. Engl.*, **35**, 2832 (1996).
12) H. Finkelmann, H. Ringsdorf and J. H. Wendorff: *Makromol. Chem.*, **179**, 273 (1978).
13) K. Akagi: *Bull. Chem. Soc. Jpn.*, **80**, 649 (2007).
14) C. Ohm, M. Brehmer and R. Zentel: *Adv. Mater.*, **22**, 3366 (2010).
15) T. Ikeda, J. Mamiya and Y. Yu: *Angew. Chem. Int. Ed.*, **46**, 506 (2007).
16) K. Kawata: *Chem. Rec.*, **2**, 59 (2002).
17) T. Kato and J. M. J. Fréchet: *J. Am. Chem. Soc.*, **111**, 8533 (1989).
18) H. Takezoe and Y. Takanishi: *Jpn. J. Appl. Phys.*, **45**, 597 (2006).
19) V. Percec, W.-D. Cho and G. Ungar: *J. Am. Chem. Soc.*, **122**, 10273 (2000).
20) Y. Sagara and T. Kato: *Angew. Chem. Int. Ed.*, **47**, 5175 (2008).
21) Y. Sagara and T. Kato: *Nature Chem.*, **411**, 605 (2009).
22) T. Kato, T. Yasuda, Y. Kamikawa and M. Yoshio: *Chem. Commun.*, 729 (2009).
23) T. Kato and K. Tanabe: *Chem. Lett.*, **38**, 634 (2009).
24) M. Funahashi, H. Shimura, M. Yoshio and T. Kato: *Struct. Bond.*, **128**, 151 (2008).
25) T. Kato, Y. Hirai, S. Nakaso and M. Moriyama: *Chem. Soc. Rev.*, **36**, 1845 (2007).
26) Y. Hirai, H. Monobe, N. Mizoshita, M. Moriyama, K. Hanabusa, Y. Shimizu and T. Kato: *Adv. Funct. Mater.*, **18**, 1668 (2008).
27) N. Toshima: *Macromol. Symp.*, **235**, 1 (2006).
28) U. Shivakumar, J. Mirzaei, X. Feng, A. Sharma, P. Moreira and T. Hegmann: *Liq. Cryst.*, **38**, 1495 (2011).
29) K. Kanie and A. Muramatsu: *J. Am. Chem. Soc.*, **127**, 11578 (2005).
30) M. D. Lynch and D. L. Patrick: *Nano Lett.*, **2**, 1197 (2002).
31) Y. Ji, Y. Y. Huang and E. M. Terentjev: *Langmuir*, **27**, 13254 (2011).
32) D. L. Gin, X. Lu, P. R. Nemade, C. S. Pecinovsky, Y. Xu and M. Zhou: *Adv. Funct. Mater.*, **16**, 865 (2006).
33) S.-W. Tam-Chang and L. Huang: *Chem. Commun.*, 1957 (2008).
34) M. Hara, S. Nagano, N. Kawatsuki and T. Seki: *J. Mater. Chem.*, **18**, 3259 (2008).

2.3 薄膜

日常触れるプラスチック類やゴムなどの高分子材料は，ナノテクノロジーのイメージからかけ離れているように思える．しかし，個々の高分子鎖コイル状態を仮定すると，分子量数万から十万程度の高分子鎖の広がりは数十 nm 程度であり，高分子鎖一本レベルのドメインを形成するブロック共重合体や数十 nm 膜厚（あるいはそれ以下）の膜厚の超薄膜を対象にしたときは，魅力的なナノテクノロジーが展開できる．典型的には数十 nm 範囲のサイズ特性となるからメソスケールテクノロジーといった方が良いかもしれない．ここでは，メソスケールの科学・技術への応用が期待されるブロック共重合体薄膜と超薄膜の高精度な制御法を紹介する．

2.3.1 ブロック共重合体薄膜における相分離の配向制御

液晶ディスプレイ技術は巨大産業へと発展しているが，液晶を自在に配向させる手法が確立されることで初めて液晶ディスプレイの生産が可能となっている．

ブロック共重合体が形成するミクロ相分離構造パターンは，液晶分子と比較して桁違いに大きいものである．これらのメソスケールパターンを自在に制御する技術の確立は非常に重要な課題である．パターンのサイズ特性は現在の光リソグラフィーの最高の解像度あるいはそれを越えるものであり，高価な装置を用いることなく自己集合 (self-assembly) で得られるので，これをテンプレートとして各種機能材料をパターニングできれば（ブロック共重合体リソグラフィー），将来の大きな産業の種になりうるとの期待がもたれている．ブロック共重合体のパターン形成についての最新動向は，本章 2.1 節にて触れられているので，本節では薄膜に限定してその配向法について代表的なものを紹介する．従来は，ブロック共重合体の相分離パターンとして熱力学的な最安定状態のものを議論することが多かったが，ここで紹介する内容は，熱力学的な因子とともに，多くの場合，速度論的な因子が強く関わっている．この分野には数多くの研究例があるので，いくつかの代表的な例にとどめ，詳細は

総説 [1,2] や成書 [3] を参考にしていただきたい.

(1) 溶媒蒸発

KimとLibera [4] は溶媒の蒸発速度のブロック共重合体モルフォロジーに与える影響を最初に報告した．ポリスチレン-b-ポリブタジエン-b-ポリスチレン (SBS) をトルエンに溶解し，100 nm 程度の薄膜を調製した．その際，トルエンの蒸発速度を適切に設定することでポリスチレンのシリンダーが垂直に配向し，時間をかけて蒸発させると水平に配向することを見出している．

同じような効果は他のブロック共重合体でも認められ，極めて秩序性の高いドメイン配列も得られている [5,6]．通常 100 nm 以下の薄膜が扱われているが，山本ら [7] はオリゴマーをブレンドする手法で，500 nm 程度の比較的厚い膜においても垂直配向ドメイン形成を実現している．

(2) 流動場

せん断をかけることでブロック共重合体ドメインを一軸に配向させうることは古くから知られていた [8]．Thomasら [9] は，ロールキャスティング法を用いてブロック共重合体フィルムの様々なドメイン形態を配列させることを精力的に行っている．この方法は装置の特性上，比較的厚い膜を作製するのに適している．

(3) 電場

Amundsonら [10] は，ミクロ相分離構造の電場による配向を最初に論じている．またMorkvedら [11] は，マイクロ電極を用いて，アニールによってPS-b-PMMA薄膜のPMMAシリンダー状ドメインが電場に平行に配向することを示している．さらに同グループは，膜厚方向に電場をかけることにより垂直シリンダー配向を実現し，その膜からPMMAドメインを除去して得られた多孔膜をテンプレートにコバルトナノワイヤーのアレイを作製し，高密度記録媒体としての応用を提案している（図 **2.22**) [12]．

(4) 磁場

コイル–コイル型（両ドメインがアモルファス）のブロック共重合体では，高分子の部位がほぼランダムに向いているため，ドメインとして磁場に対する感受率が小さく磁場配向の成功例はない．ジブロックのどち

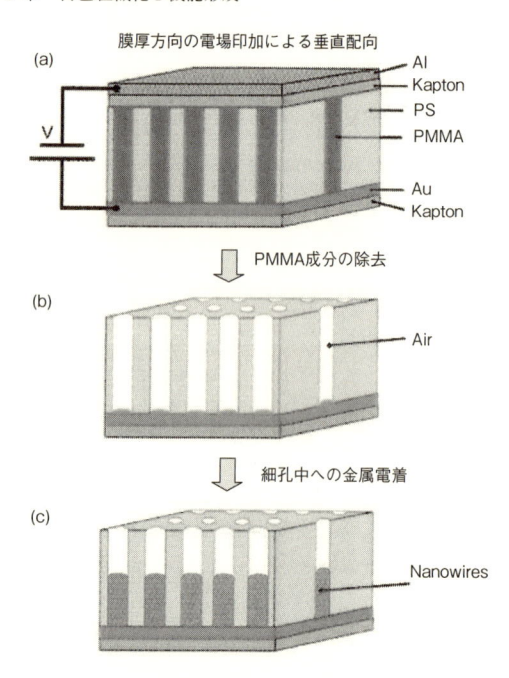

図中ラベル:
- (a) 膜厚方向の電場印加による垂直配向　Al／Kapton／PS／PMMA／Au／Kapton，V
- ⇩ PMMA成分の除去
- (b) Air
- ⇩ 細孔中への金属電着
- (c) Nanowires

図 2.22　電場によるブロック共重合体ドメインの垂直配向化とこれをテンプレートとした金属ナノワイヤー調製．
　　　出典：T. Thurn-Albrecht, J. Schotter, G. A. Kästle, N. Emley, T. Shibauchi, L. Krusin-Elbaum, K. Guarini, C. T. Black, M. T. Tuominen and T. P. Russell: *Science*, **290**, 2126 (2000).

らかのドメインが結晶性[13]あるいは液晶性[14,15]のもので強磁場による配向が可能となっている．高秩序な磁場配向を達成するためには，液晶性のホモポリマーや低分子量アモルファスポリマーを添加することも検討されている[15]．

(5) 基板表面からの directed self-assembly

基板上に電子線，軟 X 線，光を用いたリソグラフィーやソフトリソグラフィー（マイクロコンタクトプリンティング）の手法で形状ないしは化学的特性のパターニングを施しておいて，その上あるいは区画内にてブロック共重合体の薄膜を形成させる手法である．自己集合を人為的に指揮する意

味合いで directed self-assembly と呼ばれる．その中でも表面形状パターニングに基づく手法はグラフォエピタキシー (graphoepitaxy)，化学的特性のパターニングはケミカルレジストレーション (chemical registration) と呼ばれる．

形状パターンでブロック共重合体の形態制御を最初に行ったのは Kramer のグループであり [16]，PS-b-P2VP の球状ドメインを広範囲に整列させることに用いた．その後，他グループにより，ライン状の溝の中で球状ドメインの数を精密に揃えながら並べられることも示されている [17,18]．

平行なライン状の溝に並べるうえでシリンダードメインはイメージしやすい．Sibener ら [19] はシリンダードメインを形成する系を扱っており，シリンダードメインの配向は溝のエッジと平行に揃っていく．また，溝の中だけでなく溝の深さより厚い部分の配向も揃うことも示されている（図 2.23）．竹中，長谷川，吉田ら [20] はマスクテンプレートとしてより使いやすい垂直配向シリンダーを配列させている．

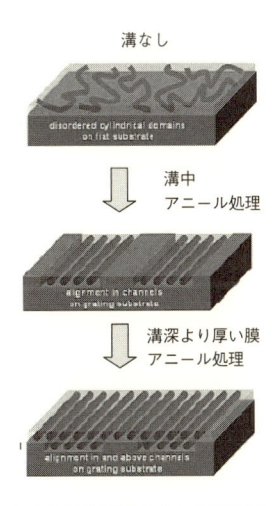

図 2.23 リソグラフィーにより溝を形成させた基板を用いた directed self-assembly によるシリンダードメインの配向化．

出典：D. Sundrani, D. Darling and S. J. Sibener: *Nano Lett.*, **4**, 273 (2004).

ケミカルレジストレーションについては，Nealey ら [21,22] が平面基板に自己組織化単分子膜 (SAM) を用いて，親水性–疎水性の化学パターンを施した表面での形態配向を精力的に研究した．ラメラを形成する PS-b-PMMA において，基板のリソグラフィーの周期パターンがラメラ周期とちょうど一致したときに，大面積で欠陥のない垂直配向ラメラが形成される [21]．ラインが急峻に折れ曲がっているときには，ホモポリマーを混ぜることで，欠陥を生じないパターン形成が可能となる [22]．ホモポリマーがパターンの折れ曲がりのエッジに多く分散し，欠陥の発生を防ぐとされている．竹中，長谷川，吉田ら [23] により，ポリスチレン超薄膜に電子線で描く方式でケミカルレジストレーションを行っている．基板の描画が多少崩れていてもブロック共重合体の自己組織化により配列の乱れは生じさせないこと，間引きした描画でも高度なヘキサゴナル配列が形成されることが示されている．

一方で化学パターンによる directed self-assembly とは対極的な手法もある．基板とブロック共重合体に選択的な吸着が進まないように工夫することで，垂直配向ラメラを作ることが示されている [24]．ブロック共重合体成分のランダムコポリマーを基板上および空気界面に存在させることで，どちらかのポリマー成分が界面へ偏析することを抑制し，膜厚方向で垂直に配向したラメラ構造が得られる．

(6) 光配向

液晶性アゾベンゼンを片ブロック成分にもつブロック共重合体であれば，ドメインを光配向させることができる．第 3 章 3.1 節において液晶物質の光配向が紹介されているが，この手法をブロック共重合体の相分離形態の配向制御に応用することができる．この手法については，関ら [25,26]，Yu，池田ら [27]，側鎖がナノ相分離するタイプについては岡野ら [28] により研究が進められている．アゾベンゼン液晶の配向変化をブロック共重合体ドメインの配向へ反映させるものである．(1)〜(5) で述べた様々な手法では，いったん形成させた配向を後から変えることは困難であるが，光配向法では，ポリマー自身が液晶である協同的な分子運動も手伝って，アクティブに配向を変化させる（書き換える）ことができる特徴がある．詳しくはシリーズ第 8 巻「フォトクロミズム」にて紹介する．

2.3.2 低分子アシスト水面展開法

 高分子物質を超薄膜状態や高密度ブラシ状態にするとその集合状態がバルクの特性とは異なってくるため,ガラス転移温度,結晶性,分子配向性,相分離特性,吸着特性,摩擦特性,各種の特性が変化する.これらは現在,高分子科学や技術におけるホットな課題であり,多くの研究者から関心をもたれている.

 超薄膜でも究極の薄さであるものが高分子単分子膜であり,これらの二次元状態に置かれた高分子物質は特徴的な特性や形態を与える[29,30].LB (Langmuir-Blodgett,垂直浸漬) 法あるいは LS (Langmuir-Schaeffer,水平付着) 法を利用すれば,水面上に展開された単分子膜を基板上に移し取ることができる.低分子物質であれば気相を用いて製膜する手法が有利な点が多いが,蒸気圧をもたない高分子物質では,水面展開を経由する手法が精密な単分子膜を作製するための唯一の手法ともいえる.ただし,オプトエレクトロニクスで期待される共役系高分子の多くがそうであるように,極性部分をもたない疎水性の機能ポリマーは多く,必ずしも LB (LS) 法は万能ではない.

 LB (LS) 法の対象とならない疎水性共役高分子の単分子膜を構築するには,極性液晶分子である 4'-ペンチル-4-シアノビフェニル (5CB) と共展開する手法が極めて有効である[31].5CB は膨張膜を形成し,疎水性高分子と水面とを媒介して,水面にて理想的ともいえる疎水性高分子の単分子膜を形成させる.ブロック共重合体であれば,疎水性ブロック鎖を最初から凝集させず,いったん水面に単分子膜上に広げてから圧縮するプロセスをとるので,直接水面へ展開するものとは全く異なる形態が得られる.基板に引き上げた後に 5CB 分子は簡単に揮発除去できる.これは特殊な手法に見えるかもしれないが,これまで水面展開の対象となってこなかった多くの高分子物質に対して適用が可能である.共役高分子とブロック共重合体に適用した例を紹介する.

(1) 共役高分子の場合

 共役高分子のもつキャリア移動や発光機能は有機エレクトロニクス分野において中心的な役割を果たしている.高分子物質そのものが本来もつ特性とデバイスレベルでの機能発現は大きな隔たりがあり,その穴を

埋めるためには，高分子の精密な配列化が不可欠である．

Head-to-tail の規則性をもつポリ (3 -ヘキシルチオフェン) (HT-P3HT) は有機半導体として優れた特性をもち，電界効果型トランジスタ等への応用へ向けた広範な研究が進められている．Sirringhaus ら[32]によれば，ポリマーの π スタックの方向が edge-on 型の配向ももつときに優れた薄膜トランジスタ特性を実現できるとされている．しかし，分子量のある程度大きな HT-P3HT のスピンキャスト膜では edge-on 型の配向と face-on 型の配向の混在は避けられない（図 **2.24**）[33,34]．

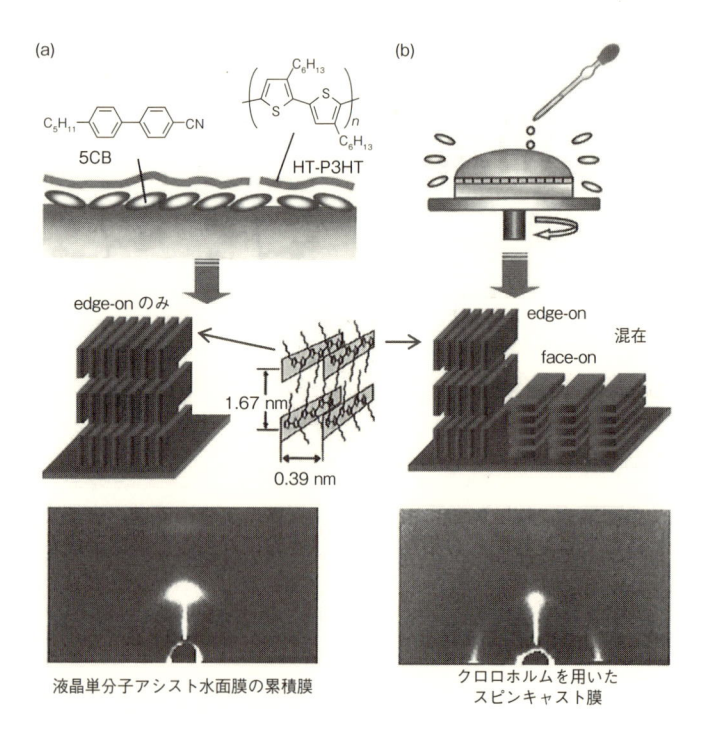

図 **2.24** 液晶水面展開法 (a) とスピン塗布 (b) により作成した HT-P3HT 薄膜の配向構造の模式図．下はそれぞれ GI-SAXS プロファイル．

出典：S. Nagano, S. Kodama and T. Seki: *Langmuir*, **24**, 10498 (2008).

一般に入手できる可溶性共役高分子のほとんどは極性基をもたないため，それらを単分子膜レベルで操作・組織化できる適用範囲の広い手法である．この手法を用いて累積した膜の斜入射小角X線散乱 (GI-SAXS) 測定から，ポリチオフェンスタックのラメラの方向は観測上完全に基板に垂直の配向だけ edge-on 状態となるとともに，共役主鎖は圧縮を加えることで優先的に水面圧縮の方向と垂直に配向することがわかる[34]．

この試料を用いて基板へ転写した単分子膜あるいは多層膜のキャリア移動度を測定すると，高分子鎖方向と π スタック方向とでそのキャリア移動度の明確な違いが観測される[35]．これは一層膜でも有意に観測され，鎖方向の移動度は π スタック方向の移動度の 2〜2.5 倍である．5 層膜における移動度の値は鎖の方向で 1.1×10^{-2} cm^2/Vs で，約 10 年前に報告された配向制御が不完全と思われる面内異方性の無い HT-P3HT の 5 層 LB 膜の移動度値[36,37]と比較して 100 倍から 1000 倍の桁違いの特性向上が見られる．薄膜中の精密配向制御の重要性が明確に示される例である．

(2) ブロック共重合体の場合

分子量分布の揃ったブロック共重合体を揮発性有機溶媒に溶かしてそのまま水面に展開しても，再現良く表面ミセルあるいは相分離パターンが形成されるとは限らない．溶媒が蒸発してしまうと対流や不均一性等の散逸的要素で生じた構造が凍結されるためである[38]．上記の 5CB と共展開すると，5CB は揮発せず膜全体の流動性が溶媒揮発後も保たれることから，ブロック共重合体の二次元展開にて熱的に得られる本来の高分子集合パターン構造へと導くことができる[39]．図 2.25 は PS-b-P4VP を単独で水面展開したとき (a) と 5CB と共展開した際に圧縮に伴って得られる表面ミセルの形状 (b〜d) を示している．5CB と共展開した場合，圧縮前は PS と P4VP の両ブロック鎖はともに 5CB と相溶し，分子的に平滑な膜である (b)．二次元圧縮を進めることで PS のドットドメインが生じはじめ (c)，適切な圧力では高度なヘキサゴナル配列をとる (d)．この配列は大面積で再現良く得られる．分子量の異なるブロック共重合体を用いると，PS ドットの大きさとその距離を変化させられる．PS ドット間距離は P4VP 鎖の分子量にのみ依存し，その距離を分

―(CH$_2$―CH)$_m$―b―(CH$_2$―CH)$_n$―

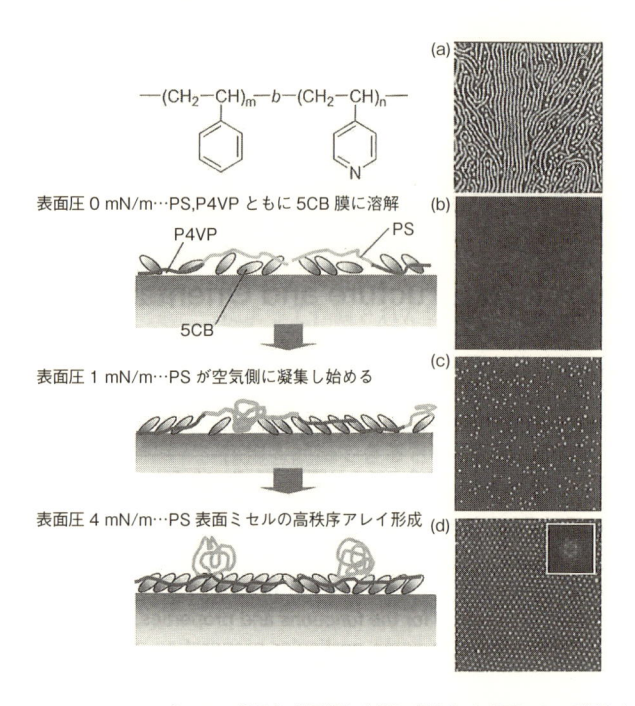

表面圧 0 mN/m…PS,P4VP ともに 5CB 膜に溶解

表面圧 1 mN/m…PS が空気側に凝集し始める

表面圧 4 mN/m…PS 表面ミセルの高秩序アレイ形成

図 2.25 PS-b-P4VP を 5CB 分子と共展開した際に得られる表面ミセル配列（AFM像）．(a) は 5CB なし，(b〜d) は 5CB と展開したもの．
出典：S. Nagano, Y. Matsushita, Y. Ohnuma, S. Shinma and T. Seki: *Langmuir*, **22**, 5233 (2006).

子量により制御できる [40]．

引用・参考文献

1) C. Park, J. Yoon and E. L. Thomas: *Polymer*, **44**, 6725 (2003).
2) I. W. Hamley: *Prog. Polym. Sci.*, **34**, 1161 (2009).
3) S. Park and T. P. Russell: "Functional Polymer Films", W. Knoll and R. C. Advincula (eds.), (Wiley-VCH, 2011), pp. 403-474.
4) G. Kim and M. Libera: *Macromolecules*, **31**, 2569 (1998).
5) S. Ludwigs, A. Böker, A. Voronov, N. Rehse, R. Magerle and G. Krausch: *Nat. Mater.*, **2**, 744 (2003).
6) S. H. Kim, M. J. Misner, T. Xu, M. Kimura and T. P. Russell: *Adv.*

Mater., **16**, 226 (2004)

7) T. Matsutani and K. Yamamoto: *J. Phys: Conf. Ser.*, **272**, 012015 (2011).
8) A. Keller, E. Pedemont and F. M. Willmout: *Nature*, **225**, 538 (1970).
9) Y. Cohen, R. J. Albalak, B. J. Dair, M. S. Capel and E. L. Thomas: *Macromolecules*, **33**, 6502 (2000).
10) K. Amundson, E. Helfand, D. D. Davis, X. Quan, S. S. Patel and S. D. Smith: *Macromolecules*, **24**, 6546 (1991).
11) T. L. Morkved, M. Lu, A. M. Urbas, E. E. Ehrichs, H. M. Jaeger, P. Mansky and T. P. Russell: *Science*, **273**, 931 (1996).
12) T. Thurn-Albrecht, J. Schotter, G. A. Kästle, N. Emley, T. Shibauchi, L. Krusin-Elbaum, K. Guarini, C. T. Black, M. T. Tuominen and T. P. Russell: *Science*, **290**, 2126 (2000).
13) T. Grigorova, S. Pispas, N. Hadjichristidis and T. Thurn-Albrecht: *Macromolecules*, **38**, 7430 (2005).
14) C. Osuji, P. J. Ferreira, G. Mao, C. K. Ober, J. B. Vander Sande and E. L. Thomas: *Macromolecules*, **37**, 9903 (2004).
15) M. Adachi, F. Takazawa, N. Tomikawa, M. Tokita and J. Watanabe: *Polym. J.*, **39**, 155 (2007).
16) R. A. Segalman, H. Yokoyama and E. J. Kramer: *Adv. Mater.*, **13**, 1152 (2001).
17) K. Naito, H. Hieda, M. Sakurai, Y. Kamata and K. Asakawa: *IEEE Trans. Magn.*, **38**, 1949 (2002).
18) Y. J. Cheng, A. M. Mayes and C. A. Ross: *Nat. Mater.*, **3**, 823 (2004).
19) D. Sundrani, D. Darling and S. J. Sibener: *Nano Lett.*, **4**, 273 (2004).
20) F. Chen, S. Akasaka, T. Inoue, M. Takenaka, H. Hasegawa and H. Yoshida: *Macromol. Rapid Commun.*, **28**, 2137 (2007).
21) S.O. Kim., H. H. Solak, M. P. Stoykovich, N. J. Ferrier, J. J. De Pablo and P. F. Nealey: *Nature*, **424**, 411 (2003).
22) M. P. Stoykovich, M. Müller, S.O. Kim., H. H. Solak, E. W. Edwards, J. J. De Pablo and P. F. Nealey: *Science*, **308**, 1442 (2005).
23) Y. Tada, S. Akasaka, M. Takenaka, H. Yoshida, R. Ruiz, E. Dobisz and H. Hasegawa: *Polymer*, **50**, 4250 (2009).
24) E. Huang, L. Rockford, T.P. Russell and C. J. Hawker: *Nature*, **395**, 757 (1998).
25) Y. Morikawa, T. Kondo, S. Nagano and T. Seki: *Chem. Mater.*, **19**, 1540 (2007).
26) K. Aoki, T. Iwata, S. Nagano and T. Seki: *Macromol. Chem. Phys.*, **23**, 2484 (2010).
27) H.-F. Yu, T. Iyoda and T. Ikeda: *J. Am. Chem. Soc.*, **128**, 11010 (2006).

28) K. Okano, Y. Mikami and T. Yamashita: *Adv. Funct. Mater.*, **19**, 3804 (2009).
29) Y. Tamai, R. Sekine, H. Aoki and S. Ito: *Macromolecules*, **42**, 4224 (2009).
30) J. Kumaki and T. Hashimoto: *J. Am. Chem. Soc.*, **120**, 423 (1998).
31) S. Nagano and T. Seki: *J. Am. Chem. Soc.*, **124**, 2074 (2002).
32) H. Sirringhaus, P. J. Brown, R. H. Friend, M. M. Nielsen, K. Bechgaard, B. M. W. Langeveld-Voss, A. J. H. Spiering, R. A. J. Janssen, E. W. Meijer, P. Herwig and D. M. de Leeuw: *Nature*, **401**, 685 (1999).
33) R. J. Kline, M. D. McGehee, E. N. Kadnikova, J. Liu, J. M. J. Fréchet and M. F. Toney: *Macromolecules*, **38**, 3312 (2005).
34) S. Nagano, S. Kodama and T. Seki: *Langmuir*, **24**, 10498 (2008).
35) S. Watanabe, H. Tanaka, S. Kuroda, A. Toda, S. Nagano, T. Seki, A. Kimoto and J. Abe: *Appl. Phys. Lett.*, **96**, 173302 (2010).
36) J. Paloheimo, P. Kuivalainen, H. Stubb, E. Vuorimaa and P. Yli-Lahti: *Appl. Phys. Lett.*, **56**, 1157 (1999).
37) G. Xu, Z. Bao and J. T. Groves: *Langmuir*, **16**, 1834 (2000).
38) C. A. Devereaux and S. M. Baker: *Macromolecules*, **35**, 1921 (2002).
39) S. Nagano, Y. Matsushita, Y. Ohnuma, S. Shinma and T. Seki: *Langmuir*, **22**, 5233 (2006).
40) S. Nagano, Y. Matsushita, S. Shinma, T. Ishizone and T. Seki: *Thin Solid Films*, **518**, 724 (2009).

2.4 コロイド・ゲル

2.4.1 はじめに

地球上に生息する生物や植物は,自己組織化能を有する分子群が構成要素となっている.それらは,脂質のような低分子および核酸やタンパク質のような高分子など,様々な種類や大きさの化合物である.これらがお互いを正確に認識することで,コロイドサイズの集合体を形成し,さらには,細胞,組織,器官となる.分子が自己組織化して,ナノメートルからマイクロメートルの大きさにある場合にはコロイドと呼ばれるが,目で見える大きさまで成長するとゲルとして扱われる.集合体により提供されるコロイドやゲルの界面や空間によって,物質の選択的な分離,反応,貯蔵等を可能にすることが,生命活動を支える基盤となっているに違いない.このような考えもあってか,初期のコロイド化学の研究では,生体を構成する低分子や高分子などの領域における発展が目覚ましかった.しかし,今日では,人工の化合物を利用した様々な研究が盛んになっている.

本節の前半では,分子の自己組織化によって得られる集合体の形状や大きさを簡単な熱力学的視点も踏まえて説明する.後半では,沈殿生成による自己組織化およびコロイド粒子の自己組織化に関して,最近のトピックも交えて紹介する.

2.4.2 平衡系のコロイド状集合体の構造 [1]

熱力学的に平衡な条件の下,低分子が作るコロイド集合体でよく知られているものとしては,界面活性剤が形成するミセルやベシクルなどが挙げられる.これらの集合体は,特定の官能基が濃縮された表面や外界とは隔絶された微小空間を提供するので,特異な性質が期待される.ミセルの存在はイギリスのMcBainが20世紀の初頭に指摘し,ベシクルは20世紀の半ばに同じくイギリスのBanghamによって発見され,両者とも研究の歴史は長い.

一般的に,界面活性剤は親水基と親油基からなる棒状の分子であるが,環境に応じてミセルにもベシクルにもなりうる.つまり,適当な溶媒と

界面活性剤を混合した場合，界面活性剤の濃度や系の温度，圧力，他にもpHや添加電解質の濃度や種類に応じて，溶媒や界面活性剤に生じる分子間相互作用が影響を受けることで，集合体の形や大きさが決まるのである．このような集合体の構造変化を理解するためには，集合体の内部における各分子の相互作用について理解する必要がある．自己組織化の統計熱力学的解析と界面活性剤の幾何学的考察によって，ミセルやベシクルについての理論的な研究が行われており，今日では，スーパーコンピューターの飛躍的な進歩に伴って，溶媒分子も含めた環境でのこれらの集合体の形成に関する理解も進んでいる．以下に，最も単純な扱いの一つについて説明しよう．

界面活性剤が水中でミセルやベシクル，さらには二分子膜などの明確な構造体を形成することに対する支配的な要因は，疎水性相互作用による引力と親水基間の斥力の拮抗であると考えられている．つまり，前者は集合体を形成する方向に働き，後者は界面活性剤と水分子との接触を導く．それぞれの因子を水相に接する界面活性剤1分子あたりの界面の面積aの関数として表すと，γaおよびK/aとなる．ここで，γは界面自由エネルギーで，Kは定数である．後者の斥力因子は，様々な要因が関与するので極めて複雑と考えられるが，単純にaに反比例するとして問題ない．したがって，集合体内部に存在する界面活性剤1分子あたりの平均の相互作用自由エネルギー$\mu_N°$は次のような簡単な式で表すことができる（図 **2.26**）．

$$\mu_N° = \gamma a + K/a \tag{2.1}$$

平均の相互作用自由エネルギーの最小値は，$\partial \mu_N°/\partial a = 0$とおいて求められるので，(2.1)式は

$$\mu_N° = 2\gamma a_0 + (\gamma/a)(a - a_0)^2 \tag{2.2}$$

と書き換えることができる．なお，$a_0 = (K/\gamma)^{1/2}$であり，これは，水相に接する界面活性剤の一分子あたりの最適表面積である．以上より，引力と斥力を考慮することで，集合体を形成する界面活性剤の平均の相

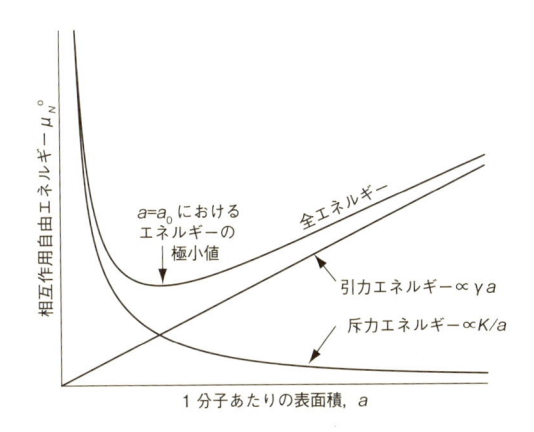

図 2.26 界面活性剤の水中での集合体における,水相に接する界面活性剤 1 分子あたりの界面の面積 a と相互作用エネルギー μ_N° の関係.
出典:J.N. Israelachvili,近藤保,大島広行(訳):「分子間力と表面力」,(朝倉書店,1996).

互作用エネルギーが最小な場合の,水相に接する界面活性剤の最適表面積 a_0 がわかるようになる.

さらに,この考えを基に,界面活性剤がどのような集合体を形成しうるのかを判断する指標として,充填パラメータという概念がある.a_0 の他に,界面活性剤の炭化水素鎖部位の体積 v,炭化水素鎖の最大有効長さ l_c を用いて得られる $v/a_0 l_c$ の値からどのような集合体が形成されるのかを予想できるという考えである.例えば,$v/a_0 l_c < 1/3$ では球状ミセル,$1/3 < v/a_0 l_c < 1/2$ は非球状ミセル,$1/2 < v/a_0 l_c < 1$ はベシクルもしくは二分子膜,$v/a_0 l_c > 1$ では逆ミセルになると判断できる(図 **2.27**).この考えを用いれば,環境によって変化する集合体の構造についても説明できる.例えば,イオン性の界面活性剤は,親水基のイオンへの解離によって,集合体を形成した状態でも親水基間の斥力が大きいため,a_0 の値が大きく,$v/a_0 l_c < 1/3$ という条件を満たしやすいと考えられ,イオン性の界面活性剤は,水中で球状ミセルを形成することが予想できる.そこへ電解質を添加するとどうなるだろうか.界面活性剤水溶液に添加された電解質は界面活性剤のイオン基の間に生じる静電斥

(a)

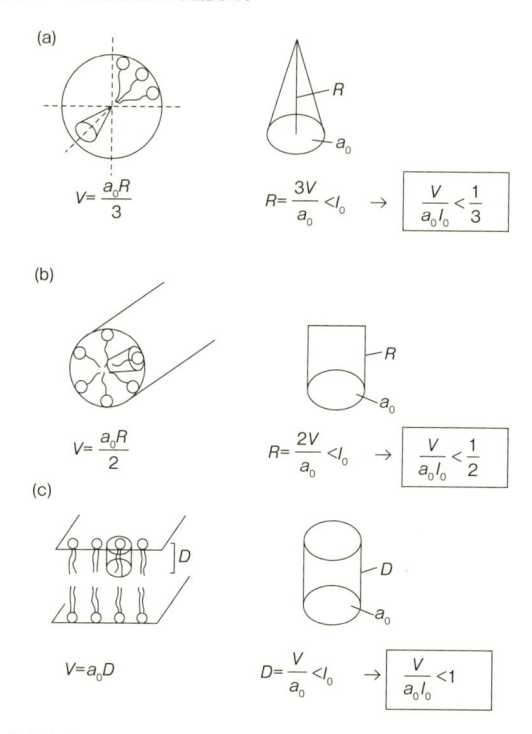

$V = \dfrac{a_0 R}{3}$

$R = \dfrac{3V}{a_0} < l_0 \rightarrow \boxed{\dfrac{V}{a_0 l_0} < \dfrac{1}{3}}$

(b)

$V = \dfrac{a_0 R}{2}$

$R = \dfrac{2V}{a_0} < l_0 \rightarrow \boxed{\dfrac{V}{a_0 l_0} < \dfrac{1}{2}}$

(c)

$V = a_0 D$

$D = \dfrac{V}{a_0} < l_0 \rightarrow \boxed{\dfrac{V}{a_0 l_0} < 1}$

図 2.27 集合体((a) 球状ミセル,(b) 棒状ミセル,(c) 二分子膜)を形成する界面活性剤の充填パラメータ.
出典:W. Schütze, C.C. Müller-Goymann: *Pharmaceutical Research*, **15**, 538 (1998).

力を遮蔽する効果を示すため,a_0 の値を減少させるだろう.その結果,$v/a_0 l_c$ の値が 1/3 よりも大きくなれば,非球状ミセルやベシクルなどへと構造転換してしまうということが理解できる.

高分子を構成要素として用いた場合には,上記の界面活性剤のような単純なパラメータを用いた集合体の構造予測は,現在のところは困難である.形状が複雑で,様々な相互作用が生じるからである.しかし,少ない数の分子で安定かつ巨大なコロイド集合体を形成することができる.また,一つの分子の中に役割の顕著に異なる部位を導入しやすいことか

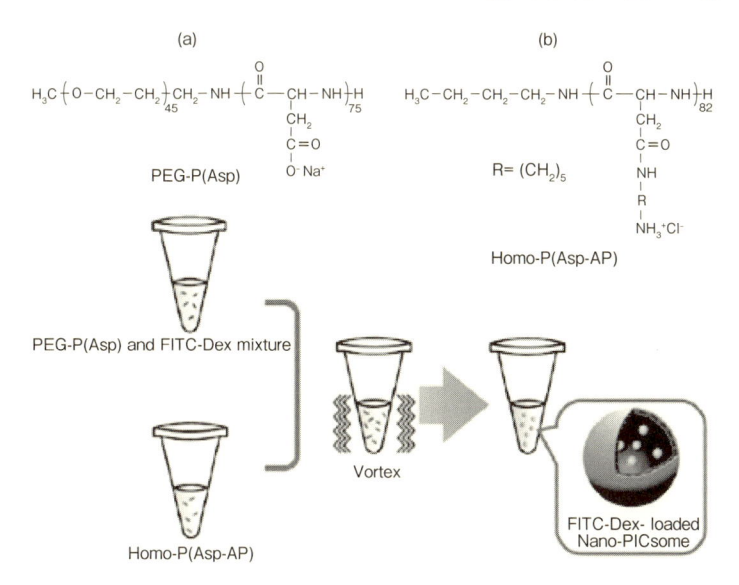

図 2.28 ポリアニオンとポリエチレングリコールからなるブロックコポリマーとポリカチオンを混ぜることで構築できるユニラメラ型ポリイオンコンプレックスベシクル．
出典：Y. Anraku, A. Kishimura, M. Oba, Y. Yamasaki and K. Kataoka: *J. Am. Chem. Soc.*, **132**, 1631 (2010).

ら，低分子では得られないような構造の集合体が構築可能となる．

例えば，岸村らはポリアニオンとポリエチレングリコールが結合したブロックコポリマーの水溶液とポリカチオンの水溶液を混合する際に，それぞれのポリマーの濃度を調整するだけで，100〜400 nm の範囲でサイズの揃ったユニラメラ型ポリイオンコンプレックスベシクル (PICsome) が得られることを報告している（図 **2.28**)[3]．ブロックコポリマーのポリアニオン部位とポリカチオン間で形成されるイオン結合が集合体を作る駆動力であり，ポリアニオンと結合したポリエチレングリコール部位は，ベシクルの成長抑制と水溶液への分散性を上げる働きを担う．従来の低分子からなるベシクルに比べて，PICsome は安定な集合体を形成しており，PICsome 調製後に，ポリイオンコンプレックス部分を架橋する

こともできる．得られた架橋体は物質透過性も制御でき，生理条件での構造安定性も向上することから，ドラッグデリバリーシステムへの利用が検討されている．

2.4.3 平衡系のゲル状集合体の構造

分子間の相互作用が三次元で無限に広がって形成される場合には，ゲル状集合体が得られる．低分子化合物によるゲル化は，水素結合などの非共有結合を介して分子が繊維状の集合体を形成し，その繊維間に架橋が生じることで進行する．

英らは，アミノ酸，環状ペプチド，シクロヘキサン等に水素結合能を有するように分子設計した誘導体を合成し，これらが様々な有機溶媒中で巨大な三次元繊維状集合体を形成してゲル化することを報告している[4]．ここでは，図 **2.29** の 1,2-シクロヘキサンジアミン誘導体について紹介する．この 1,2-シクロヘキサンジアミン誘導体には絶対配置が (1R, 2R) と (1S, 2S) の二つのトランス体とシス体の計三つの異性体があるが，シス体はゲル化しない．分子模型からは，トランス体の場合には，いす型立体配座のシクロヘキサンにある二つのエカトリアルなアミド基が逆平行の向きに水素結合を形成する（図 **2.30** (a)）ことで繊維状集合体となることが示唆された．一方，シス体では二つの置換基がアキシャルとエカトリアルの位置にあるため，分子間の水素結合が形成できない．そのため，シス体はゲル化しないと考えられる．さらに，トランス体は，trans(1R, 2R) からは左巻きのらせん状繊維が形成され（図 2.30 (b)），trans(1S, 2S) からは右巻きのらせん状繊維が得られるものの，両者の等モル混合

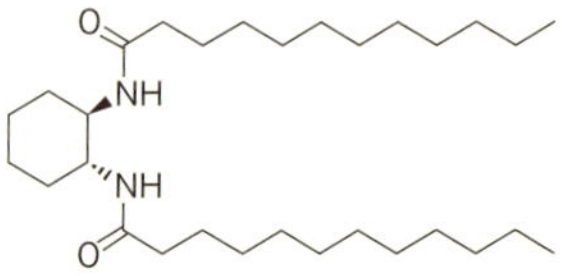

図 **2.29** シクロヘキサン誘導体の低分子ゲル化剤．
出典：K. Hanabusa, M. Yamada, M. Kimura and H. Shirai: *Angew. Chem. Int. Ed. Engl.*, **35**, 1949 (1996).

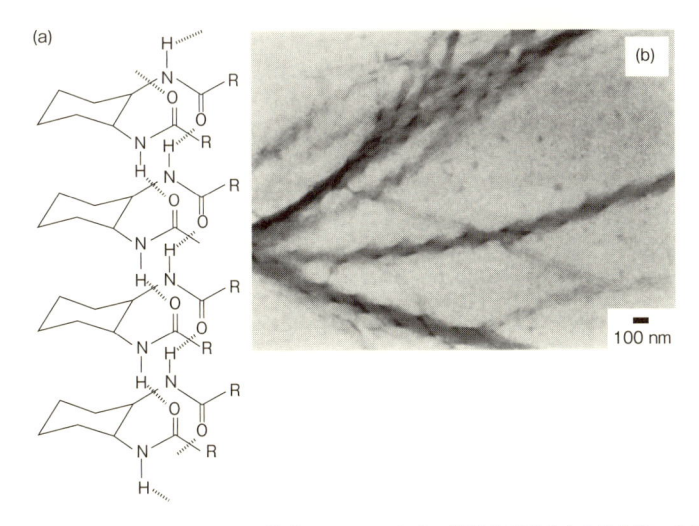

図 2.30 (a) trans (1R, 2R) 構造のシクロヘキサン誘導体が形成する集合体の分子モデルと (b) アセトニトリル中で形成したらせん状繊維状集合体の透過型電子顕微鏡写真.

出典：K. Hanabusa, M. Yamada, M. Kimura and H. Shirai: *Angew. Chem. Int. Ed. Engl.*, **35**, 1949 (1996).

物であるラセミ体はゲル化しないこともわかっている.

英らは，低分子化合物がゲル化剤としての機能を示すためには，(1) 水素結合などの分子間相互作用による繊維状集合体の形成，(2) 分子間相互作用による繊維状集合体の三次元化，(3) ゲル状態から結晶化への転移を妨げる要因の存在，が必要であると述べている.

2.4.4 相分離に伴う沈殿化を利用した集合体の形成

化学者の興味の広がりや合成技術の発展とともに，風変わりな集合体を形成する様々な分子が開発されるようになってきた．従来のミセルやベシクルには見られなかった形状や性質を示す系が多く発見されており，溶液中だけでなく，乾燥しても安定な構造を保つことのできる集合体が得られている．さらに，沈殿現象を利用することで，その沈殿形成の方法に応じて，1種類の分子から様々な形状の集合体が得られるようにな

る. 以下にその一例を紹介しよう.

中西らは, 長鎖アルキル基を化学修飾したフラーレン誘導体が, 非常に広範囲の大きさにわたって, 様々な形態になることを見出した[5]. フラーレン単体では π-π 相互作用による強い凝集力によって, 溶解性や分子集合状態を制御することが難しい. しかし, 様々な長鎖アルキル基を導入すると, 高い温度では溶媒に溶けるようになる. 溶媒を加えなくても均一な液体や液晶を形成する分子も得られる. 一方, その均一に溶けた溶液を冷却したり, 貧溶媒を添加すると, 長鎖アルキル基の種類, 数,

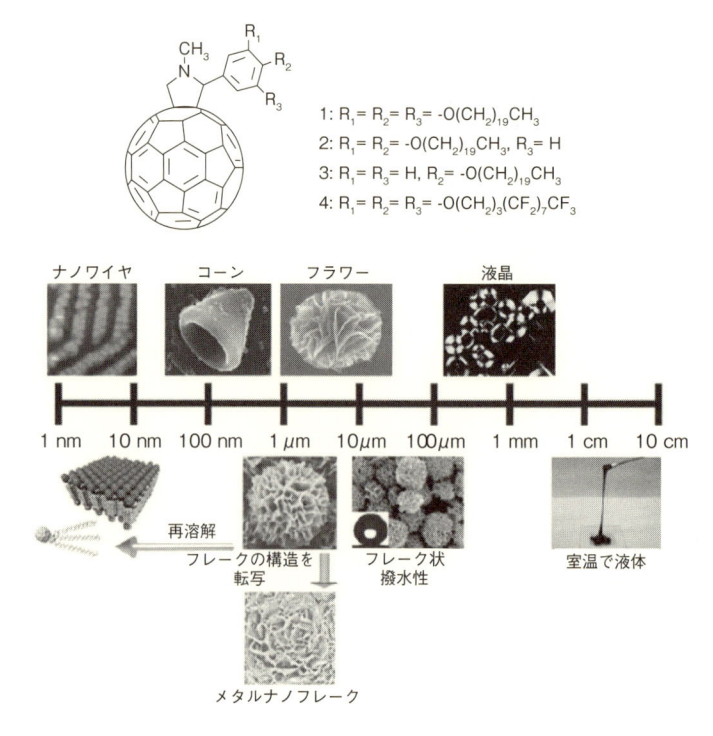

1: $R_1 = R_2 = R_3 = $ -O(CH$_2$)$_{19}$CH$_3$
2: $R_1 = R_2 = $ -O(CH$_2$)$_{19}$CH$_3$, $R_3 = $ H
3: $R_1 = R_3 = $ H, $R_2 = $ -O(CH$_2$)$_{19}$CH$_3$
4: $R_1 = R_2 = R_3 = $ -O(CH$_2$)$_3$(CF$_2$)$_7$CF$_3$

図 2.31 長鎖アルキル基を化学修飾したフラーレン誘導体からなる様々な形や大きさの集合体.

出典:T. Nakanishi: *Chem. Commun.* **46**, 3425 (2010).

位置および使用する溶媒の種類に応じて，分子間の相互作用に多様性が生じる．冷却もしくは貧溶媒添加後，半日から数日間の時間放置し，相分離が平衡に達した後に沈殿物を得る．その結果，円錐状の集合体，フレーク構造を有する微粒子など，条件に応じて変化に富んだ構造体を得られることがわかった（図 **2.31**）．

2.4.5 コロイド粒子が作る集合体

数 nm から数 μm の大きさのコロイド粒子も，様々な形状の集合体を自己組織化によって形成する．コロイド粒子による自己組織化の様式は大きく分けて 2 種類あることが知られている．一つは，コロイド粒子の表面に存在するイオン基の解離に伴う静電的な相互作用を利用した系で，この場合には，溶媒の存在下，コロイド粒子間は非接触な状態で集合体を形成する．もう一つは，粒子同士が接触することで生じるファンデルワールスや水素結合などを利用した系で，コロイド粒子間は密に接触して集合化し，集合体形成後は溶媒はなくてよい．

しかし，分子の場合と比べて重力の影響を大きく受けるために，均一な集合体の形成には様々な工夫が施されている．例えば，非接触な系では，コロイド粒子懸濁溶液にせん断作用を加えたり，pH や温度に勾配をかけることで単結晶なコロイド結晶が得られることがわかった．接触する系でも，コロイド粒子懸濁液からの溶媒の蒸発や強制的な流れを作り出すことによる集団的挙動を利用すれば，エネルギー的に最も有利と考えられる面心立方構造を主に形成させることが可能となってきた．また，現在では，予め凹凸パターンなどを施した基板を用いて複雑な二次元パターンを作製でき，さらに，エピタキシャル成長により様々な三次元結晶構造を形成させることも可能となっている[6]．

これまでは，以上のようなコロイド粒子が形成する結晶構造に興味が偏っていたが，最近，コロイド粒子が形成するアモルファス集合体の光学特性に関して興味深い知見が得られているので，以下に簡単に紹介しよう．

コロイド粒子が作る集合体は，その形態に応じて様々な光学特性を示すようになる．例えば，短距離秩序，長距離秩序，周期性を有する結晶

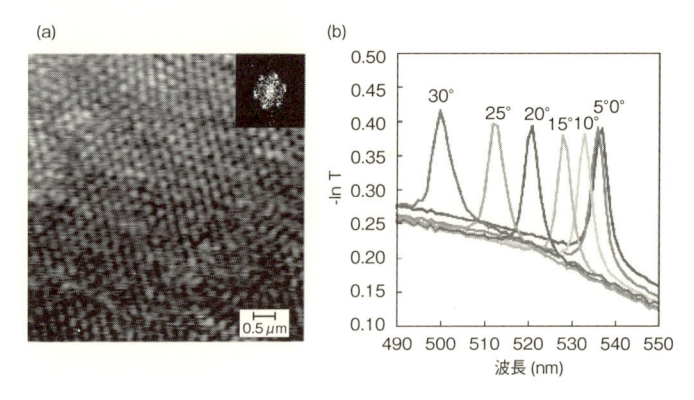

図 2.32 コロイド結晶を形成したゲル微粒子の共焦点顕微鏡写真 (a) とその紫外可視透過スペクトルの角度依存性 (b).

出典：Y. Takeoka, M. Honda, T. Seki, M. Ishii and H. Nakamura: *ACS Applied Materials & Interfaces*, **1**, 982 (2009).

状態（コロイド結晶）になると，特定の波長の可視光がブラッグ条件を満たすため，その波長の色に応じた色がある方向から観測できるようになる．ただし，コロイド結晶の場合では，光を照射する方向や観察する方向によってブラッグ条件を満たす光の波長が変化するため，観察される色は変化する（図 **2.32**）．一方，非接触系ではコロイド粒子の濃度を非常に濃い状態にすること，また，接触系では異なる大きさのコロイド粒子を混合することなどにより，コロイド結晶が形成しにくくなり，コロイド粒子間には短距離秩序のみが存在するようになる．すると，コロイド結晶の場合と同様に，色は観測されるものの，コロイド粒子の集合状態が等方的なアモルファス状態になるために，観測される色も見る方向にそれほど依存しなくなる（図 **2.33**）[7]．このような角度依存性のない構造色の発色メカニズムは，マントヒヒの頬の色やカラフルな鳥や昆虫にも利用されており [8]，今後，研究が盛んになるに違いない．

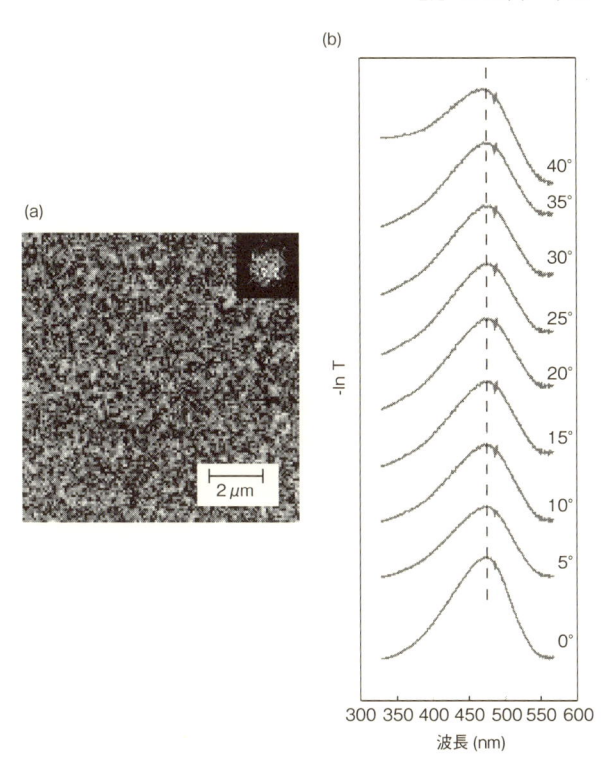

図 2.33 ゲル微粒子の濃度が濃くなるとゲル微粒子の配列は乱雑になることが共焦点顕微鏡から観察される (a). その場合, 紫外可視透過スペクトルからはピークの位置に角度依存性が見られず (b), 構造色も角度依存性が少ない.

出典：Y. Takeoka, M. Honda, T. Seki, M. Ishii and H. Nakamura: *ACS Applied Materials & Interfaces*, **1**, 982 (2009).

引用・参考文献

1) J.N. Israelachvili（著）, 近藤保, 大島広行（訳）,「分子間力と表面力」,（朝倉書店, 1996）.
2) W. Schütze and C. C. Müller-Goymann: *Pharmaceutical Research*, **15**, 538 (1998).
3) Y. Anraku, A. Kishimura, M. Oba, Y. Yamasaki and K. Kataoka: *J. Am. Chem. Soc.*, **132**, 1631 (2010).

4) K. Hanabusa, M. Yamada, M. Kimura and H. Shirai: *Angew. Chem. Int. Ed. Engl.*, **35**, 1949 (1996).
5) T. Nakanishi: *Chem. Commun.* **46**, 3425 (2010).
6) H.T. Garcia-Santamaria *et al.* : *Adv. Mater.*, **14**, 1144 (2002).
7) Y. Takeoka, M. Honda, T. Seki, M. Ishii and H. Nakamura: *ACS Applied Materials & Interfaces*, **1**, 982 (2009).
8) R.O. Prum and R.H. Torres: *J. Exp. Biol.*, **207**, 2157(2004).

2.5 無機／有機ハイブリッド

2.5.1 はじめに

(1) バイオミネラルを手本とした自己組織化と構造形成

　無機／有機が高度に複合化したハイブリッド材料の構築において，自己組織化は構造形成の有力な手段である[1-5]．有機分子単独や無機結晶単独の場合に比べ，ハイブリッド材料ではより複雑で階層的な構造の形成が見られる．その代表例の一つは，骨・歯・貝殻・サンゴなどの生物が作り出す鉱物，すなわちバイオミネラルであろう[2-5]．バイオミネラルは無機物質が主成分であるが，その構造形成には多様な有機分子が関与しており，有機物と無機結晶の高度なハイブリッド構造を有している．ここでは，バイオミネラルを手本としながら，これまでに研究されてきた無機／有機ハイブリッド材料における自己組織化と構造形成について紹介する．

(2) バイオミネラルの基本構造

　無機結晶と有機物が複雑に絡み合ったハイブリッド材料であるバイオミネラルは，小さな構造単位から構成された階層構造をもつ．自然界に広く分布する多様な炭酸カルシウム系バイオミネラルにおいては，図 **2.34** に示すような階層構造が存在する[6,7]．生物種に特有なマクロ形態はマイクロメータスケールのユニットが集積化することで構築されており，それらのユニットは生体高分子に覆われている小さなナノ結晶が方位を揃えて連結したものである．このような構造体は従来の単結晶や多結晶の中間的な結晶構造として，「メソクリスタル」と呼ばれるようになってきた[7,8]．これはナノ粒子が有機分子等を媒介として方位を揃えて集積したハイブリッド構造である．

(3) 平衡系・非平衡系における自己組織化

　一般に自己組織化とは自発的に何らかの秩序やパターンが形成する現象のことを指す[9]．熱平衡近傍の条件で安定状態が実現される現象と，平衡から遠い条件においてマクロで複雑なパターンが形成される現象に大別できる．分子レベルの集積体である超分子や分子集合体，イオンの集積による結晶格子の形成は，熱力学的に最安定な秩序構造が形成する

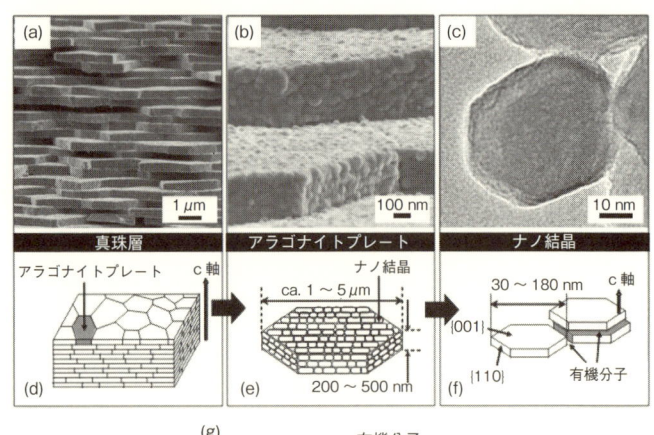

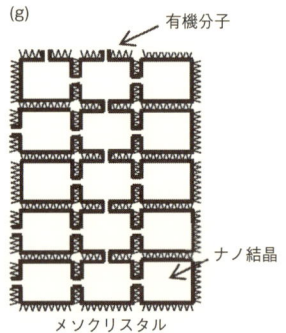

図 2.34 真珠層の階層構造とメソクリスタルの模式図．マイクロメータスケールの板状構造 (a,d) は結晶方位を揃えたナノ結晶 (b,c,e,f) から構成されたメソクリスタル (g) である．
出典：Y. Oaki and H. Imai: *Angew. Chem. Int. Ed.*, **44**, 6571 (2005).

熱平衡系の自己組織化である（図 **2.35** (a,b))．一方，メソクリスタルを含む真珠層（図 2.35 (c)）のような階層的な無機／有機ハイブリッド構造体は，複雑なメカニズムを伴う結晶成長によって形成され，いわゆる「散逸構造」に基づくと考えられる．本節では，無機／有機ハイブリッドの形成に関して，前半は熱力学的に安定な規則構造が得られる平衡系における形態制御を，後半は平衡状態から離れた系における「散逸構造」に

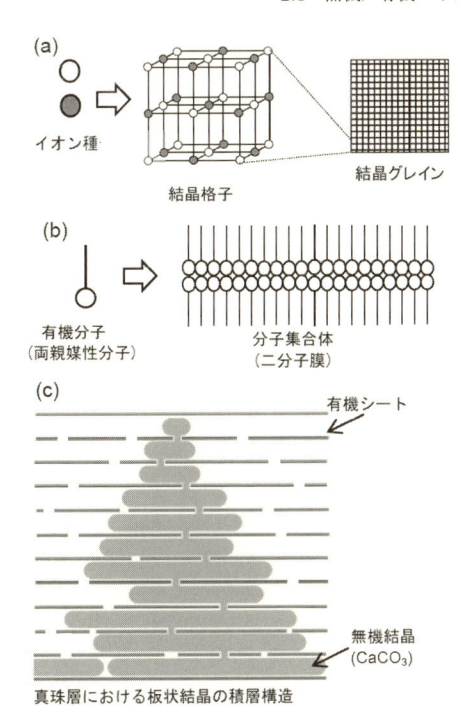

図 2.35 平衡系 (a,b) と非平衡系 (c) における自己組織化の例.
出典:L. Addadi and W. Weiner: *Nature*, **389**, 912 (1997).

よる多様なマクロ構造の形成を紹介する.

2.5.2 平衡系の自己組織化による構造形成

(1) 有機分子集合体による無機イオンの集積および無機結晶の形成

バイオミネラリゼーションでは,生体分子集合体や生体高分子に特異的に無機イオンが集積して結晶化が生じ,無機物質の形態制御に利用される.したがって,人工的な有機分子集合体への無機イオンの集積や結晶成長に関する研究は,平衡系の自己組織化を利用したバイオミメティックプロセスの基礎的なアプローチである.

両親媒性分子の配列によって形成された単分子膜・二分子膜・ミセルを

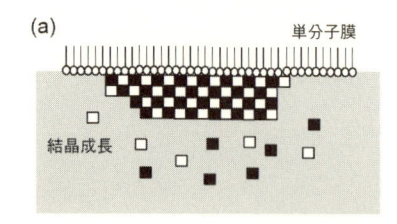

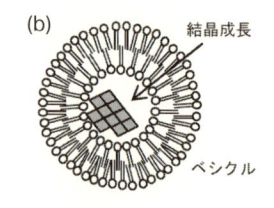

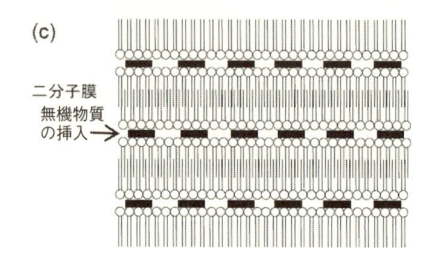

図 2.36 有機分子集合体を伴う無機イオンの集積と結晶成長．(a) 気液界面における単分子膜上の配向した結晶成長，(b) 脂質二分子膜ベシクル内の結晶成長，(c) 二分子膜の多重構造フィルムの層間における無機物質の形成．

(a) 出典：B. R. Heywood and S. Mann: *J. Am. Chem. Soc.* **114**, 4681 (1992).

(b) 出典：S. Mann, J. P. Hannington and R. J. P. Williams: *Nature*, **324**, 565 (1986).

(c) 出典：H. Okada, K. Sakata and T. Kunitake: *Chem. Mater.*, **2**, 89 (1990).

鋳型として無機イオンを集積し結晶化させることで，これらの形態を無機物質に転写した複合体の作製が可能である．例えば，気液界面に形成された硫酸基・ホスホン酸親水基・カルボキシ基をもつ単分子膜上に硫酸塩・炭酸塩・硫化物等の結晶が配向成長することが報告されている（図 2.36 (a)) [10,11]．単分子膜上に配列した官能基が無機結晶の特定面と強い相互作用を示すため，特定の無機イオンが集積・並列する．また，逆ミセル中やリン脂質二分子膜ベシクル内の水相を反応場とすることで無機イオン数を制限して半導体ナノ微粒子や金属クラスター，酸化鉄結晶が形成されている（図 2.36 (b)) [12]．さらに，両親媒性分子の溶液を基板上にキャストすることで得られる二分子膜の多重構造フィルムの層間を反応場とすることで層状シリケート [13] やマグネタイトを含む無機有

機の秩序構造体が作製されている（図 2.36 (c)）[14].

(2) ミセルを鋳型とするメソ多孔質構造体の形成

有機分子の集積と無機イオンが協奏的に自己集積することによって秩序構造が形成される場合がある．その典型例であるメソポーラスシリカは，界面活性剤ミセルを構成単位とするリオトロピック液晶相を鋳型として形成される（図 **2.37**）．1000 m^2/g を超える高い比表面積をもち，細孔の鋳型に用いる界面活性剤のアルキル鎖長に応じて 2～10 nm の間で変化する細孔の規則配列が，その特徴である．

メソポーラスシリカの最初の報告は，層状ケイ酸塩の一種であるカネマイトとアルキルトリメチルアンモニウムイオンの反応[15] によるものである．その後，モービル社によって水熱反応による多様なメソポーラスシリカが報告された[16]．界面活性剤の種類や濃度によって多様な細孔構造が得られるばかりでなく，フィルム化やナノ粒子化，さらにはファイバー状，球状，管状，らせん，楕円体，円板状などのマクロ形態も報告されている[17]．シリカ以外の無機物質への展開も数多く，また，シリカ壁の構造をハイブリッド化した架橋型メソポーラス物質の例もある[18].

(3) 有機分子による粒子配列の制御

オパールのシリカ粒子に見られるように，粒径の均一な球状粒子は重力や毛細管力によって規則正しく配列する．しかし，粒径が 100 nm 以下になると粒子の凝集力が大きくなり均一な集積構造は得られにくい．一方，ナノスケールの無機粒子が特定の有機分子で被覆されたハイブリッド粒子は分子間相互作用により特定の配列に秩序化する（図 **2.38**）．球

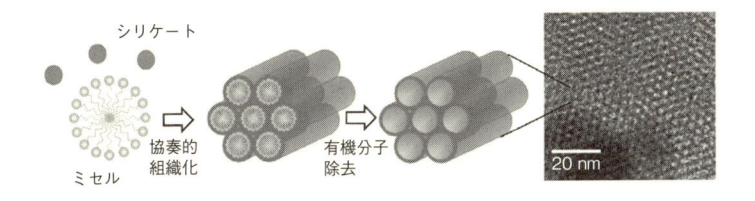

図 **2.37** シリケートイオン種と界面活性剤ミセルの協奏的な自己組織化によるメソポーラスシリカの形成．

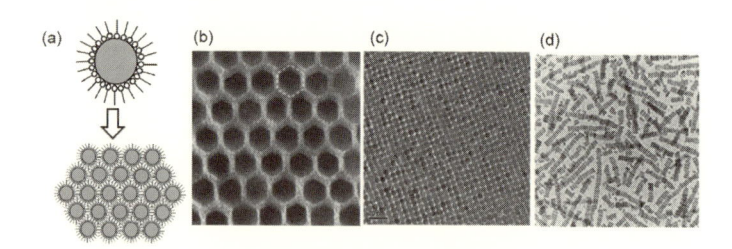

図 2.38 有機分子による無機粒子の配列構造．(a) 模式図，(b) CdS，(c) CeO_2，(d) $BaCrO_4$．
 (b) 出典：S. Ahmed and K. M. Ryan: *Nano Lett.*, **7**, 2480 (2007).
 (c) 出典：F. Dong, K. Kazumi, H. Imai, S. Wada, H. Haneda and M. Kuwabara: *Cryst. Growth Des.*, **11** 4129 (2011).
 (d) 出典：M. Li, H. Schnablegger and S. Mann: *Nature*, **402**, 393 (1999).

状粒子の場合には結晶方位はランダムであるが，キューブ状，六角板状などでは結晶方位が揃う場合がある[19,20]．また，有機分子の相互作用の異方性によって一次元の配列構造も得られている[21]．これは平衡系において自己組織化するメソクリスタルである．

(4) 集積型金属錯体

適切な剛直有機配位子と配位方向が規定された金属クラスターの間で錯体形成を行うと，分子レベルの複合体として周期性の高い結晶性化合物が得られる[22]．このような化合物群は，金属–有機構造体 (metal-organic framework, MOF)，あるいは配位性高分子 (coordination polymer, CP) と呼ばれ，金属と有機化合物の集積化によって構造化されたハイブリッド材料である．有機配位子をチューニングすることで，孔径や官能基を制御し孔表面の性質を調節できることが特徴で，新規な機能材料として期待されている．

2.5.3 散逸構造による構造形成：有機分子による結晶成長の制御

(1) 無機／有機ハイブリッド材料における結晶の階層化

マトリックスによってイオンや分子の拡散が制限される場合，あるいは，有機分子の吸着等によって成長が変調を受ける場合には，バイオミ

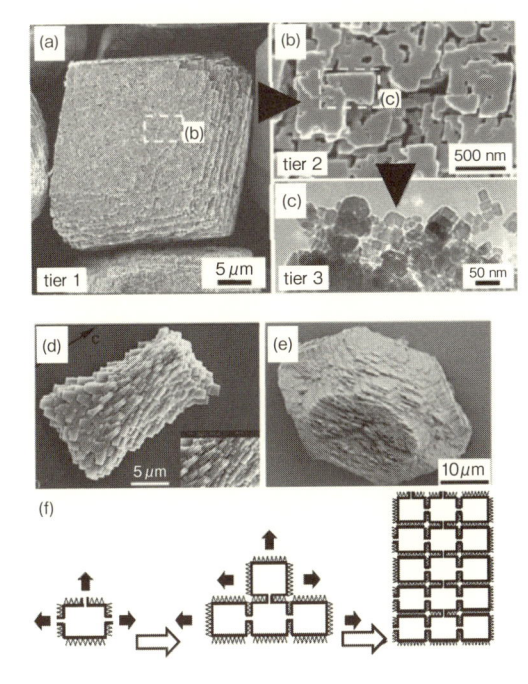

図 2.39 有機分子によって形成される $CaCO_3$ メソクリスタル．(a-c) 寒天ゲル，(d) 酸性高分子，(e) ブロックコポリマーによって形態制御された $CaCO_3$ 結晶，(f) 有機分子によって制御されたメソクリスタルの逐次成長モデル．

(a-c) 出典：Y. Oaki, S. Hayashi and H. Imai: *Chem. Commun.*, 2841 (2007).

(d) 出典：C. R. MacKenzie, S. M. Willbanks and K. M. McGrath: *J. Mater. Chem.*, **14**, 1238 (2004).

(e) 出典：T. X. Wang , M. Antonietti and H. Cölfen: *Chem. Eur. J.*, **12**, 5722 (2006).

ネラルに類似したメソクリスタル構造や高次なマクロな形態が形成され，階層的な構造体が構築される．以下では無機／有機ハイブリッド材料の構築について，有機ゲル中，あるいは水溶性有機分子が共存する系，および不溶性の有機基質と水溶性分子が共存する系での無機結晶の高次な構造形成を紹介する．

(2) 有機ゲルによる階層性結晶の形成

有機ゲル中での無機結晶の成長では,イオンの拡散律速条件により様々なマクロ形態が得られる.寒天やゼラチンなどの有機ゲル中で成長させた炭酸カルシウムは多孔質なメソクリスタル構造体となる(図 **2.39** (a-c))[23,24].マクロにはカルサイトの自形である菱面体であるが,その内部には数ミクロン程度の菱面体が方位を揃えて連結し,さらにその菱面体は数十 nm のユニットから構成されている.これは,イオンの拡散律速成長に伴う散逸構造的な形態形成と考えられる(図 2.39 (f)).

(3) 水溶性分子の共存下での階層性形態の形成

バイオミネラルと相互作用している生体高分子はアスパラギン酸やグルタミン酸を多く含む水溶性タンパク質を主成分としている.このような生体分子のかわりに水溶性の合成高分子を用いても同様に階層的な炭酸カルシウムの構造が得られる.例えば,ポリアクリル酸 (PAA) などの酸性高分子やブロックコポリマーを共存させた水溶液中で炭酸カルシウムを成長させると,ナノサイズのユニットが方位を揃えた集積体が形成される(図 2.39 (d,e))[25,26].PAA などの親和性が高い分子種が結晶表面へ特異的に吸着して成長を制限し,結果としてナノ結晶からなるモザイク構造が構築されると考えられる.

(4) 有機基質と水溶性高分子が共存する系における形態形成

バイオミネラリゼーションでは,不溶性の有機マトリックスと水溶性の高分子が協調して無機結晶の成長を制御している.PAA などの水溶性高分子とキチンやキトサンなどの不溶性高分子マトリックスが共存する系では,バイオミネラルと類似した炭酸カルシウムの薄膜状結晶が成長することが見出されている(図 **2.40**)[27].

固体マトリックス表面に吸着したポリカルボン酸が核生成を促進する一方,溶液中のポリカルボン酸が厚さ方向の成長を抑制するものと考えられる.有機基質の性質や水溶性高分子の種類を変えることで多様な構造の形成が可能で,特にソフトなヒドロゲルをマトリックスとした場合には,特異な周期的なパターン構造が得られている[28,29].

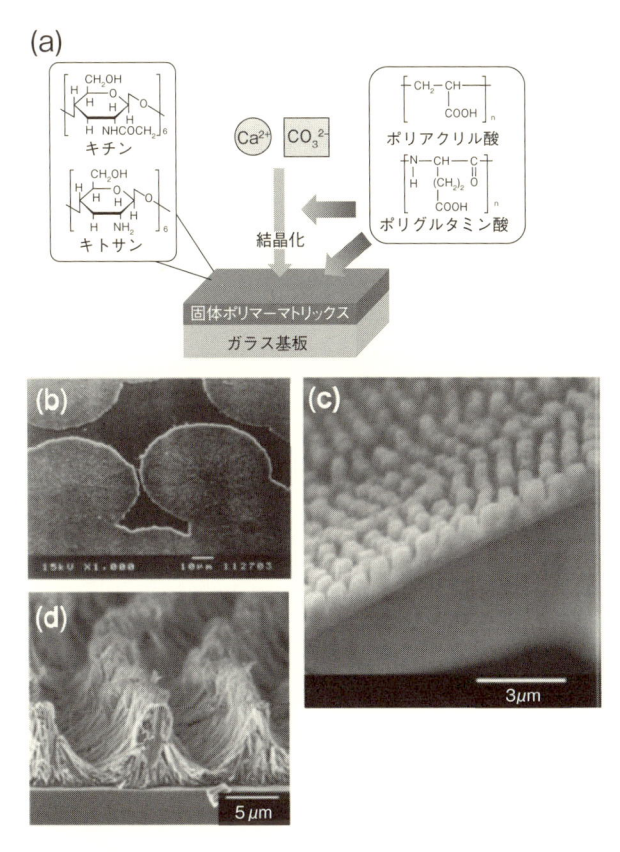

図 2.40 不溶性有機マトリックスと水溶性高分子を用いた多様な $CaCO_3$ 構造体の形成．(a) 概念図，(b) キトサン上の薄膜形成，(c) ヒドロゲル中のマイクロパターン，(d) 二段階成長による 3D パターン．

(a) 出典：T. Kato, A. Sugawara and N. Hosoda: *Adv. Mater.*, **14**, 869 (2002).

(c) 出典：A. Sugawara, T. Ishii and T. Kato: *Angew. Chem. Int. Ed.*, **42**, 5299 (2003).

(d) 出典：T. Sakamoto, A. Oichi, Y. Oaki, T. Nishimura, A. Sugawara and T. Kato: *Cryst. Growth Des.*, **9**, 622 (2009).

2.5.4 おわりに：応用に向けて

バイオミネラルに代表されるように，無機／有機ハイブリッド材料は高次に階層化された多様な構造を形成できる．本節では，平衡系の自己組織化によって形成されるミクロな構造として，有機分子と無機イオンや結晶が関わる秩序構造体を示すとともに，散逸構造によって形成されるマクロ構造体として，有機分子による結晶成長制御による形態形成を紹介した．これらは，バイオミネラルの模倣から出発し，その本質を理解しつつ，その再現を試みるものであるが，いまだにバイオミネラルの精緻な構造や制御には至っていない．しかし，これらの手法は多様な無機／有機ハイブリッド材料を構築するための基礎的な情報を与えている．今後は，これまでの知見を駆使しながら，様々な機能性をもつ無機材料と有機分子とのハイブリッド系における新規機能，あるいは動的な機能の開拓が展開されることが期待されている．

引用・参考文献

1) T. Kunitake: *Angew. Chem. Int. Ed. Engl.*, **31**, 709 (1992).
2) S. Mann: *Nature*, **465**, 499 (1993).
3) L. Addadi and W. Weiner: *Nature*, **389**, 912 (1997).
4) H. Imai and Y. Oaki: *MRS Bull.*, **35**, 138 (2010).
5) T. Kato, T. Sakamoto and T. Nishimura: *MRS Bull.*, **35**, 127 (2010).
6) Y. Oaki and H. Imai: *Angew. Chem. Int. Ed.*, **44**, 6571 (2005).
7) Y. Oaki, A. Kotachi, T. Miura and H. Imai: *Adv. Funct. Mater.*, **16**, 1633 (2006).
8) H. Cölfen and S. Mann, *Angew. Chem. Int. Ed.*, **42**, 2350 (2003).
9) 山口智彦：化学と工業, **54**, 1363 (2001).
10) B. R. Heywood and S. Mann: *J. Am. Chem. Soc.* **114**, 4681 (1992).
11) X. K. Zhao, J. Yang, L. D. McCormick and J. H. Fendler: *J. Phys. Chem.*, **96**, 9933 (1992).
12) S. Mann, J. P. Hannington and R. J. P. Williams: *Nature*, **324**, 565 (1986).
13) K. Sakata and T. Kunitake: *J. Chem. Soc., Chem. Commun.*, 504 (1990).
14) H. Okada, K. Sakata and T. Kunitake: *Chem. Mater.*, **2**, 89 (1990).
15) T. Yanagisawa, T. Shimizu, K. Kuroda and C. Kato: *Bull. Chem. Soc. Jpn*, **63**, 988 (1990).
16) C. T. Kresge, M. E. Leonowicz, W. J. Roth, J. C. Vartuli and J. S.

Beck: *Nature*, **359**, 710 (1992).
17) H. Yang, N. Coombs and G. A. Ozin: *Nature*, **386**, 692 (1997).
18) S. Inagaki, S. Guan, Y. Fukushima, T. Ohsuna and O. Terasaki: *J. Am. Chem. Soc.*, **121**, 9611 (1999).
19) S. Ahmed and K. M. Ryan: *Nano Lett.*, **7**, 2480 (2007).
20) F. Dong, K. Kazumi, H. Imai, S. Wada, H. Haneda and M. Kuwabara: *Cryst. Growth Des.*, **11**, 4129 (2011).
21) M. Li, H. Schnablegger and S. Mann: *Nature*, **402**, 393 (1999).
22) S. Kitagawa and M. Kondo: *Bull. Chem. Soc. Jpn.*, **71**, 1739 (1998).
23) Y. Oaki, S. Hayashi and H. Imai: *Chem. Commun.*, 2841 (2007).
24) O. Grassmann, G. Müller and P. Löbmann: *Chem. Mater.*, **14**, 4530 (2002).
25) C. R. MacKenzie, S. M. Willbanks and K. M. McGrath: *J. Mater. Chem.*, **14**, 1238 (2004).
26) T. X. Wang, M. Antonietti and H. Cölfen: *Chem. Eur. J.*, **12**, 5722 (2006).
27) T. Kato, A. Sugawara and N. Hosoda: *Adv. Mater.*, **14**, 869 (2002).
28) A. Sugawara, T. Ishii and T. Kato: *Angew. Chem. Int. Ed.*, **42**, 5299 (2003).
29) T. Sakamoto, A. Oichi, Y. Oaki, T. Nishimura, A. Sugawara and T. Kato: *Cryst. Growth Des.*, **9**, 622 (2009).

第3章

自己組織化と機能

3.1 光

　分子間力により分子は集合・組織化する．一般の結晶性物質では，温度上昇に伴って結晶→（液晶）→液体と分子集合状態が変化する．光によって形状が変化する分子であれば，温度変化を伴わずに光により集合状態を変えることができる．この現象は材料化学の研究分野にて近年急激に研究が進んでいる領域であるが，光による制御では，集合状態の変化に加え，さらなる高度な操作も可能である．それは，光が波であり，波のベクトル方向（偏光性）や伝播方向の情報といった方向性の情報を加えることができるためである．例を挙げると，アゾベンゼンのような棒状フォトクロミック分子の誘導体を用いると，光異性化により分子形状等が変化することで，等温的に分子集合状態を光で変化させることができる．さらに，照射する光として偏光を用いたり，斜めから異方的に光を照射することで分子の向き（配向）を変えることができる．こうした光による相転移や分子配向化は，光メモリ機能をはじめとする各種の光スイッチング機能へと結びつけることができる．本節では，アゾベンゼンを用いた研究を中心にこれらの現象を概観する．

3.1.1 分子集合体の光相転移

　アゾベンゼンのような光異性化分子の集合状態は，光照射によって変化する．トランス (E) 型のアゾベンゼンは棒状の形状をもち，液晶メソゲンとしての役割も果たす．トランス型アゾベンゼン誘導体は低分子ホ

スト液晶物質との相溶性が極めて良いが,紫外光照射により生じる折れ曲がったシス (Z) 型 (図 **3.1**) では液晶構造の不安定化をもたらし,劇的な分子集合状態の変化(等方相への転移)をもたらすことがある.

1997 年,田附,池田らは,アゾベンゼン誘導体をドープしたネマチック液晶に光照射したところ,アゾベンゼンがトランス型からシス型へ異性化し,その割合がある程度を超えると等方相への相転移が誘起されることを報告した (図 **3.2**).この現象は光相転移と呼ばれるが,トランス型のアゾベンゼンが棒状液晶状態を安定化させるのに対して,シス型が蓄積されると液晶状態の不安定化が起こり,等方的な液体状態へ転移する[1].なお,低分子ゲスト–ホスト液晶系では,通常ドープするアゾベンゼン誘導体は 5 wt%以下である.これを 10 wt%以上にすると,アゾベンゼン誘導体はホスト液晶中にて相分離し始め,系は光相転移型から光

図 **3.1** アゾベンゼンの光異性化.

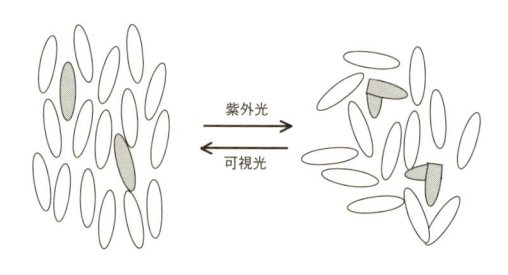

図 **3.2** 光相転移の模式図.影をつけた分子はアゾベンゼン誘導体.

相分離型へと変わることが Zhao ら [2] により報告されている．

　光相転移により光学的特性のスイッチングが可能となるので，典型的なフォトンモードの光記録材料としての応用が検討されている．光相転移は当初，低分子液晶にて観測されたが，現在は材料化と安定性の観点から有利な高分子液晶薄膜を用いた研究が中心に進められている．光照射で熱的にトランス体へ戻っても，高分子材料のガラス転移温度以下に保てば初期状態と異なる分子配向を固定できるので，永続的な記録が可能である [3]．低分子系であっても，表面安定化強誘電性液晶のように系が 2 状態を安定に保持できる場合もある [4]．

　アゾベンゼンによく似た構造の（1-シクロヘキセニル）フェニルジアゼン (CPD) もアゾベンゼンと同様なシス／トランス光応答を示す（図 **3.3**）．CPD では，一方の環が 1-シクロヘキセンとなっている．これをメソゲンとして光応答液晶系を構築することもできる．CPD を用いることにより，$\pi\pi^*$ 吸収は完全に紫外領域へシフトするため見た目の色づきが抑えられる．興味深いことに，同等な構造をもつ誘導体ではアゾベンゼンよりも液晶性を発現しやすい．4 -シアノ-4'-ペンチニルアゾベンゼン (5AZCN) では冷却過程でのみネマチック液晶構造が発現するのに対して，[4 -ペンチニル-(1-シクロヘキセニル)]-(4-シアノフェニル) ジアゼン (5CPDCN) では，昇温と冷却の両方の過程でネマチック状態をとる [5]．これは，シクロヘキニル環の柔軟性によって分子全体がより伸張され，液晶状態を保つのに有利になるためと考えられ，このことは分子動力学計算によっても確かめられている [6]．

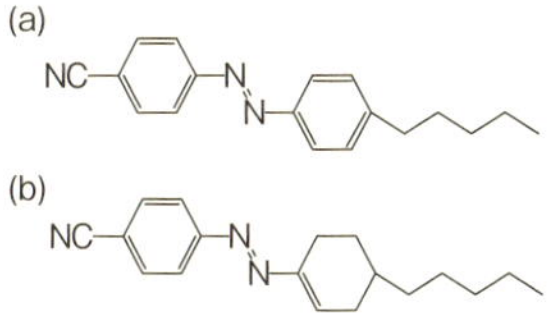

図 **3.3** アゾベンゼン誘導体(a)と（1-シクロヘキセニル）フェニルジアゼン誘導体(b)．
出典：M. Sato, S. Nagano and T. Seki: *Chem. Commun.*, 3792 (2009).

図 3.4 紫外光照射で秩序度の低くなった部分に高分子(不純物)は濃縮される.
出典:S. Samitsu, Y. Takanishi and J. Yamamoto: *Nat. Mater.*, **9**, 816 (2010).

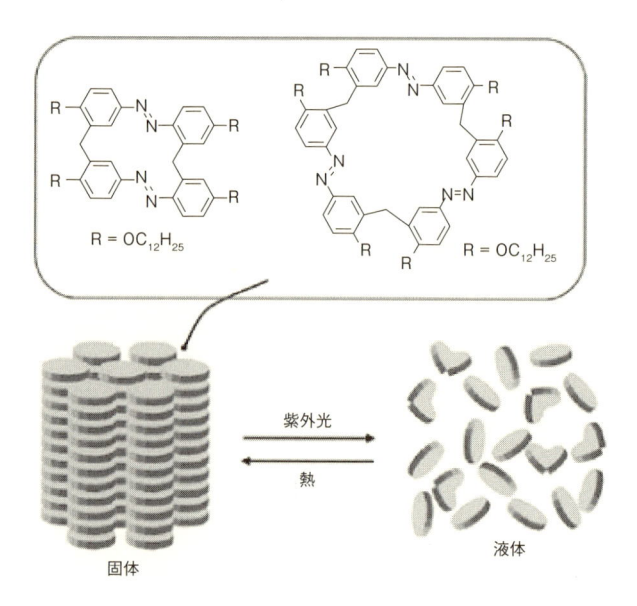

図 3.5 固体から液体への光相転移.
出典:Y. Norikane, Y. Hirai and M. Yoshida: *Chem. Commun.*, **47**, 1770 (2011).

以上のように,アゾベンゼンを含む液晶材料では紫外光の照射で液晶の配向秩序性の低下がもたらされる.佐光と山本ら[7]はこの秩序性の変化を物質の光マニピュレーションに用いることを提案している.低分子液晶媒体中に不純物としての高分子物質が含まれていると,紫外光照射によって生じた秩序の低い場所へと高分子物質が移動し 100 μm 程度の円形スポットに濃縮されることが示されている(図 3.4).高分子として蛍光性の可溶性ポリチオフェンを用いれば,高分子物質が秩序性の低下した部分に濃縮される様子を蛍光顕微鏡で追うことができる.

上記までは液晶相–等方相の光相転移の例を示したが,則包ら[8]は,環状のアゾベンゼン誘導体にて,固体から直接液体へと転移が起こる現象を捉えている(図 3.5).通常アゾベンゼン誘導体の結晶は光異性化が起こりにくいことが知られているが,これらの環状化合物では,光異性化の進行が可能な比較的ゆるい充填状態であり,このことが直接固体から液体への相転移が起こる原因と考えられている.

3.1.2 ブロック共重合体相分離構造の光制御

ブロック共重合体が形成する高分子のメソスケールの相分離構造が光により変わる現象も最近観測されている(図 3.6).特に,膜の周囲が空気である単分子膜は面積が容易に変化するため,ブロック共重合体が形成するメソ構造の光制御が観測されやすい.関ら[9]は,水面単分子膜および高湿度下での親水基板上でのアゾベンゼンを含む単分子膜の明確な形態変化を観測している.図 3.6 のブロック共重合体にて,アゾベンゼン高分子鎖のドメインはトランス型では円形,シス型ではストライプ形状となる.

Zhao ら[10]は,片ブロック鎖にシアノビフェニルメソゲン,もう片ブロック鎖にアゾベンゼンをもつ液晶–液晶ジブロック共重合体において,紫外光照射に伴う相分離誘起を観測している.先に述べた低分子ゲスト–ホスト液晶系[2]と関連する現象である.

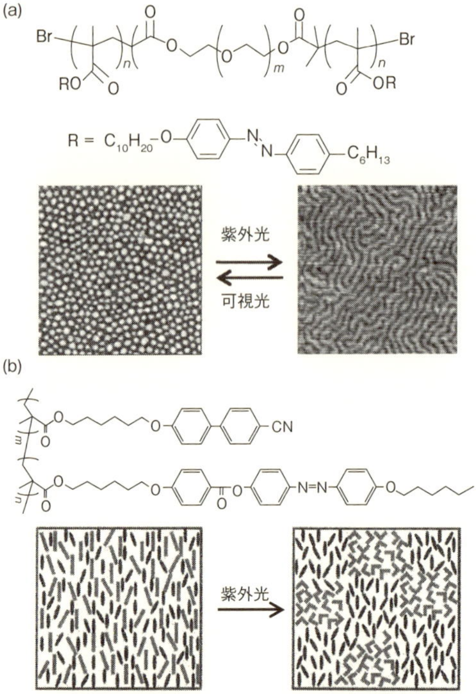

図 3.6 ブロック共重合体の相分離形態を光で制御した例.
(a) 出典：S. Kadota, K. Aoki, S. Nagano and T. Seki: *J. Am. Chem. Soc.*, **127**, 8266 (2005).
(b) 出典：Y. Zhao, X. Tong and Y. Zhao: *Macromol. Rapid Commun.*, **31**, 986 (2010).

3.1.3 表面光配向

前項までは，巨視的な視野では特に方位を規制しないものを紹介したが，本項では分子配向の規制できる現象を扱う．光配向はここ 20 年ほどで急激に発展した手法である．光の電場ベクトルと分子の遷移モーメントの方位が合致した分子が効率的に光励起され，反応に至る．溶液では分子の激しい回転運動により励起方位の情報は容易に失われるが，高分子材料では運動性が抑えられているため，光反応によって生じた方位

情報が効果的に保持される．光吸収は材料の表面で起こるため，光配向に用いられる材料は数十〜数百 nm 程度の薄膜であることが多い．直線偏光や斜めからの光照射によって，高分子材料に導入された光反応分子（官能基）の方位選択的な（angular selective）光励起がなされ，材料に光学異方性や表面形態異方性が誘起される．光反応としては，アゾベンゼンを中心としたフォトクロミック反応や，ケイ皮酸やカルコンなどの光二量化反応がよく用いられる．光配向法の際立った特徴は，フォトクロミック反応のように可逆的な異性化反応を利用すれば，分子運動性が保たれている限り分子配向の自由な書き換えが可能なことである．これはラビング表面処理の場合と対照的である．さらに，液晶材料のような分子配向の協同性の強い系を用いれば，高度な分子配向が誘起できるとともに，可逆的な配向変化もより効率的となる [11, 12]．

アゾベンゼン単分子膜を設けた基板から液晶セルを作製すると，そのトランス／シス光異性化により，セル内のネマチック液晶分子全体の配向について，垂直（ホメオトロピック）／平行（パラレル）配向のスイッチングが実現できる．（図 **3.7**）[12, 13]．さらに，照射光として直線偏光を用いることで面内の方位を全体に一軸にし（ホモジニアス配向），その方

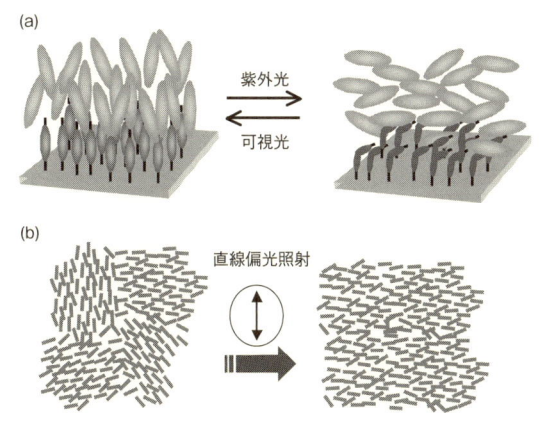

図 **3.7** 光配向の表面スイッチング (a) と偏光照射による面内配向 (b)．

向を偏光の振動方向で任意に制御することもできる（図 3.7 (b)）[14]．

アゾベンゼンは特定の方位の直線偏光を選択的に吸収するので，方位選択的な光反応が起き，分子配向が誘起される．一方，ポリケイ皮酸ビニル膜では，直線偏光を照射することで方位選択的な光環化（架橋）反応が起こるため，光配向能を示す[15]．光架橋型は液晶分子の配向をより強く固定化できるので，現象の発見当初から液晶ディスプレイにおける配向膜としての応用に期待がかけられてきた[16]．配向膜の耐久性や生産性など克服するべき課題も多く残されていたが，表面光配向の現象が見出されて20年ほど経過した2009年には，大型液晶ディスプレイの製造に光配向プロセスが採用されるに至っている．

低粘性のネマチック液晶やキラルネマチック液晶[17]は表面配向させやすいが，ディスコチック液晶のような粘性の高い液晶も光配向が可能である[18]．さらに，液晶状態を経由して結晶化するポリシランのような柔軟な高分子の薄膜[19]も面内異方的に結晶化させることができる．サーモトロピック液晶物質に限定されず，リオトロピック液晶の光配向も可能である[20]．

基板表面の光配向膜によって，メソポーラス構造を有する無機／有機ハイブリッドの構造を一軸に揃え，光パターニングすることもできる[21]．

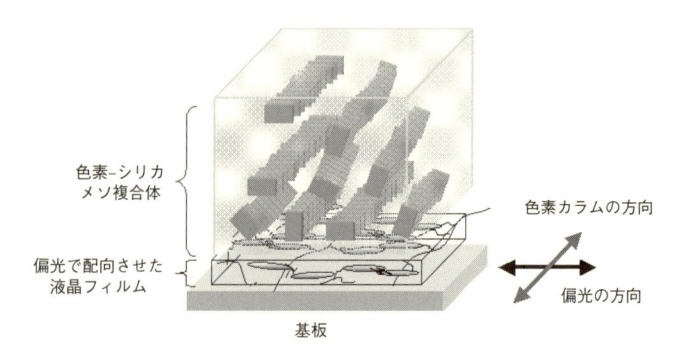

図 3.8 色素-シリカメソ組織体の表面光配向．
出典：M. Hara, S. Nagano, N. Kawatsuki and T. Seki: *J. Mater. Chem.*, **18**, 3259 (2008).

このメソ構造体は，界面活性剤のロッド状ミセル集合体を鋳型として形成する．川月ら[22]が開発した光配向膜として用いられる光架橋型液晶高分子は，ゾル溶液中でも安定して表面配向機能を保つ[23]．最終的に得られるシロキサンネットワークからなるメソ構造体に流動性は無いが，形成過程で流動性のあるリオトロピック液晶状態を経ており，この際に界面の分子配向情報が膜全体に転写されたものと推察される．また，一般的な界面活性剤だけでなく，リオトロピック液晶性を示すクロモニック色素のカラム状会合体を鋳型として色素とシリカのメソ構造体の光配向を行うこともでき，光学的パターニングに応用することもできる（図 **3.8**)[24]．

3.1.4 表面グラフト光応答高分子膜

これまで紹介してきた光応答高分子薄膜の多くは，スピンキャスト法を用いて作製されている．一方，近年急速に発達した表面開始重合[25]により作製した高密度の液晶高分子のグラフト膜においては，アゾベンゼンの配向およびスメクチック層の配向がスピンキャスト膜とは逆となる．つまり，アゾベンゼンメソゲンは基板に水平方向に，スメクチック層は基板に垂直に配向する．この空気界面に対して液晶状態の層構造が垂直に配向することは特殊な状況であり，表面グラフトを施すことでもたらされる特異な効果である．高密度で基板に導入した場合，アゾベンゼンは基板に水平方向に配向するので，異性化をもたらす光の吸収確率が大き

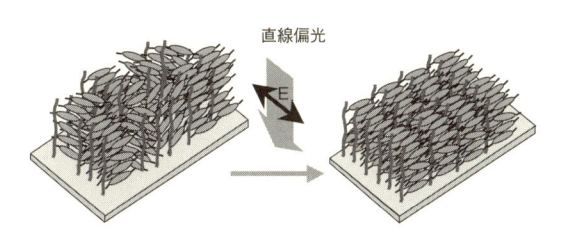

図 **3.9** 光反応に有利な分子配向をとる基板表面グラフト膜での偏光照射による高秩序な光配向．

出典：T. Uekusa, S. Nagano and T. Seki: *Macromolecules*, **42**, 312 (2009).

くなるだけでなく，偏光方位情報も効果的に受け入れることができるので，極めて配向度の高い面内分子配向を作ることができる（図 **3.9**）[26]．なお，表面グラフト膜のぬれ性等の表面特性については，本章 3.5 節に紹介しているので，そちらも参照していただきたい．

引用・参考文献

1) T. Ikeda: *J. Mater. Chem.*, **13**, 2037 (2003).
2) X. Tong, G. Wang and Y. Zhao: *J. Am. Chem. Soc.*, **128**, 8746 (2006).
3) T. Ikeda and O. Tsutsumi: *Science*, **268**, 1873 (1995).
4) T. Ikeda, T. Sasaki and K. Ichimura: *Nature*, **361**, 428 (1993).
5) M. Sato, S. Nagano and T. Seki: *Chem. Commun.*, 3792 (2009).
6) X.-G. Xue, L. Zhao, Z.-Y. Lu, M.-H. Li and Z.-S. Li: *Phys. Chem. Chem. Phys.*, **13**, 11951 (2011).
7) S. Samitsu, Y. Takanishi and J. Yamamoto: *Nat. Mater.*, **9**, 816 (2010).
8) Y. Norikane, Y. Hirai and M. Yoshida: *Chem. Commun.*, **47**, 1770 (2011).
9) S. Kadota, K. Aoki, S. Nagano and T. Seki: *J. Am. Chem. Soc.*, **127**, 8266 (2005).
10) Y. Zhao, X. Tong and Y. Zhao: *Macromol. Rapid Commun.*, **31**, 986 (2010).
11) A. Natansohn and P. Rochon: *Chem. Rev.*, **102**, 4139 (2002).
12) T. Seki: *Bull. Chem. Soc., Jpn.*, **81**, 2084（2007）
13) K. Ichimura: *Chem. Rev.*, **100**, 1847 (2000).
14) W. M. Gibbons, P. J. Shannon, S.-T. Sun and B. J. Swetlin: *Nature*, **351**, 49 (1991).
15) M. Schadt, K. Schmitt, V. Kozinkov and V. Chigrinov: *Jpn. J. Appl. Phys*, **31**, 2155 (1992).
16) 長谷川雅樹：液晶, **3**, 3 (1999); 竹内安正：液晶, **3**, 262 (1999).
17) C. Rulsim and K. Ichimura: *J. Mater. Chem.*, **12**, 3377 (2002).
18) K. Ichimura, S. Furumi, S. Morino, M. Kidowaki, M. Nakagawa, M. Ogawa and Y. Nishiura: *Adv. Mater.*, **12**, 950 (2000).
19) T. Seki, K. Fukuda and K. Ichimura: *Langmuir*, **15**, 5098 (1999).
20) K. Ichimura, T. Fujiwara, M. Momose and D. Matsunaga: *J. Mater. Chem.*, **12**, 3380 (2002).
21) Y. Kawashima, M. Nakagawa, K. Ichimura and T. Seki: *J. Mater. Chem.*, **14**, 328 (2004).
22) N. Kawatsuki, T. Kawakami and T. Yamamoto: *Adv. Mater.*, **13**, 1337 (2001).

23) H. Fukumoto, S. Nagano, N. Kawatsuki and T. Seki: *Chem. Mater.*, **18**, 1226 (2006).
24) M. Hara, S. Nagano, N. Kawatsuki and T. Seki: *J. Mater. Chem.*, **18**, 3259 (2008).
25) Y. Tsujii, K. Ohno, S. Yamamoto, A. Goto and T. Fukuda: *Adv. Polym. Sci.*, **197**, 1 (2006).
26) T. Uekusa, S. Nagano and T. Seki: *Macromolecules*, **42**, 312 (2009).

3.2 電子

3.2.1 はじめに

"有機半導体"の概念が確立されて以来,有機エレクトロニクス分野が飛躍的な発展を遂げてきた.このような流れの中で,発光素子である有機エレクトロルミネッセンス (EL) デバイスは実用化の時代に入り,さらに有機薄膜トランジスタや有機太陽電池,センサーなどが実用化への道を歩もうとしている[1].有機半導体は,無機半導体に比べて機械的強度や化学的安定性に劣るため,従来のトップダウン型の微細加工技術の適用には限界がある.これに対して,有機半導体分子の自己組織化を利用したボトムアップ型の構造形成を活用することにより,さらなる高性能・高機能な次世代エレクトロニクスへの展開が期待できる.有機半導体のもつ潜在的な電子機能を最大限に発揮させるためには,分子の化学構造のデザインだけではなく,分子の集積構造をナノレベルから巨視的なスケールにおいて制御していくことが求められる.本節では,π共役系を基盤とする有機半導体分子の自己組織化と電子機能,有機エレクトロニクスへの展開について概説する.

3.2.2 有機半導体の電子機能

有機半導体材料の物性を議論するとき,キャリア(正孔・電子)の移動のしやすさを示すキャリア移動度を指標として用いる.一般に,キャリア移動度は有機アモルファス(非晶質)材料では 10^{-3} cm^2/Vs 以下と低いが,液晶や結晶状態のように自己組織化によって有機半導体分子を緻密に配列・集積することができれば,数桁高い移動度を達成することが可能である.ソフトな特性をもつ新しい有機半導体材料として,液晶性を有する有機半導体の材料研究が 1990 年代から急速に進展した.液晶は,秩序性(分子配向性)と動的特性を併せもつユニークな分子集合体であり,機能性ソフトマテリアルの中核的物質として注目を集めている[2-5].液晶半導体は剛直な π 電子共役コアに柔軟なアルキル部位を連結させた分子構造を有することが特徴であり,これが流動性と結晶類似の分子配向性の起源となり,優れた自己組織化能を示す.

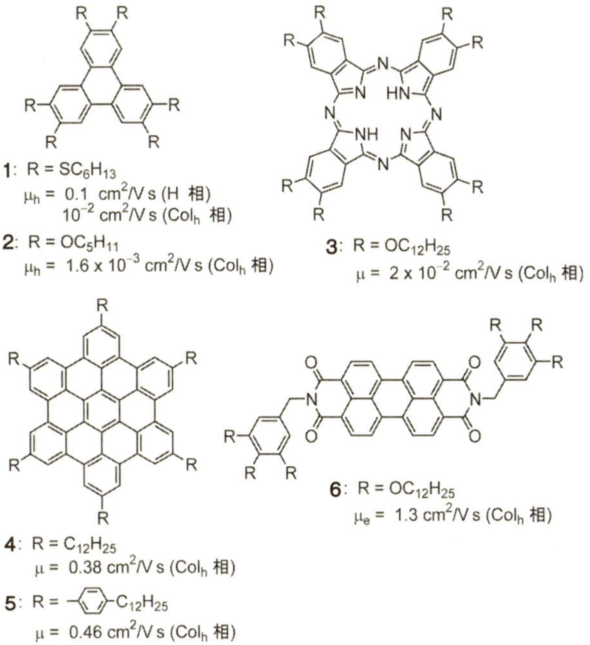

1: R = SC$_6$H$_{13}$
 μ_h = 0.1 cm^2/Vs (H 相)
    10^{-2} cm^2/Vs (Col$_h$ 相)

2: R = OC$_5$H$_{11}$
 μ_h = 1.6 × 10^{-3} cm^2/Vs (Col$_h$ 相)

3: R = OC$_{12}$H$_{25}$
 μ = 2 × 10^{-2} cm^2/Vs (Col$_h$ 相)

4: R = C$_{12}$H$_{25}$
 μ = 0.38 cm^2/Vs (Col$_h$ 相)

5: R = ―⟨⟩―C$_{12}$H$_{25}$
 μ = 0.46 cm^2/Vs (Col$_h$ 相)

6: R = OC$_{12}$H$_{25}$
 μ_e = 1.3 cm^2/Vs (Col$_h$ 相)

図 **3.10** 円盤状 π 共役系を有する液晶半導体の分子構造とキャリア移動度．Col$_h$ はヘキサゴナルカラムナー相，H はヘリカル相．

図 **3.10** に示した円盤状の π 共役系を有するトリフェニレン誘導体 **1,2** は，最も古くから研究されてきた代表的なカラムナー液晶性半導体である[6,7]．分子間 π–π 相互作用により，トリフェニレン分子同士が一次元的に積層してカラム構造を形成する．カラム軸方向では液晶分子の π 電子系のオーバーラップが大きい配置をとり，カラム軸方向に沿った一次元的な電荷輸送特性が発現する．トリフェニレン液晶のヘキサゴナルカラムナー (Col$_h$) 相におけるキャリア移動度は 10^{-3}～10^{-2} cm^2/Vs 程度であり[7]，分子配向の乱れがより小さいヘリカル (H) 相では 0.1 cm^2/Vs に達する高移動度が観測されている[6]．液晶分子凝集状態においては配向秩序に依然揺らぎが存在することから，電子伝導の本質は，電荷輸送に関与する局在準位間でのホッピング伝導に起因すると考えられている．

トリフェニレン誘導体以外にも，フタロシアニン誘導体3 [8)] やヘキサベンゾコロネン誘導体4,5 [9-12)]，ペリレンビスイミド誘導体6 [13)] などのπ電子共役系が高度に拡張したカラムナー液晶も数多く見出されている（図3.10）．Müllenらは，ヘキサベンゾコロネン誘導体に関する体系的な研究を展開しており，π共役系の拡張によりカラムナー液晶状態において約0.5 cm^2/Vsに及ぶ高い正孔移動度を示すことを報告した[9,10)]．さらに，図3.11に示すゾーンキャスティング法[11,12)]を用いて，化合物4のカラム構造が基板面に対して平行に一軸的に配向した薄膜を作製し，電界効果型トランジスタ(FET)を構築している．ソース–ドレイン電極間を一軸配向したカラム構造で橋渡ししたアクティブチャネルを形成することにより，電荷輸送特性の向上が見られている[12)]．また，近年注目を集めているグラフェンは，究極的な二次元のπ共役系とみなすことができ，自己組織化能の付与の観点から今後の展開に期待がもてる．

円盤状のみならず棒状のπ共役分子の液晶相における電荷輸送にも興味がもたれるようになり，1990年代半ば以降，有機半導体材料としての有用性が実証されてきた．図3.12に代表的な棒状の液晶半導体の分子構造とキャリア移動度を示す．層状の自己組織構造を有するスメクチック液晶性オリゴチオフェン誘導体7〜10 [14-17)]において，優れた半導体特性が数多く報告されている．棒状π共役分子であるオリゴチオフェンは，共平面的な分子構造を有し，化学的安定性の面からも極めて有望な有機半導体の基本分子骨格といえる．オリゴチオフェンは通常結晶性の

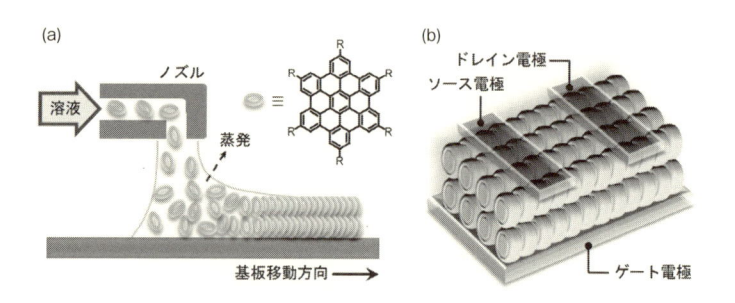

図3.11　ゾーンキャスティング法によるカラム構造の配向制御(a)とFETへの応用(b)．

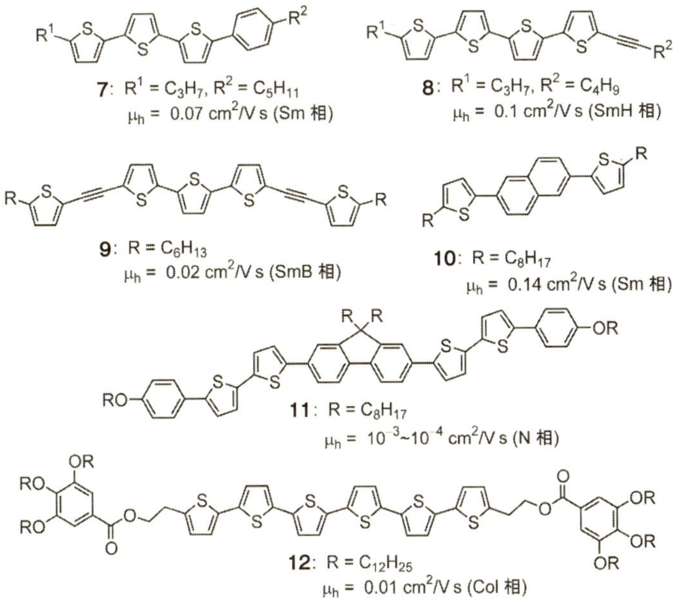

図 3.12 棒状 π 共役系を有する液晶半導体の分子構造とキャリア移動度. Sm はスメクチック相, N はネマチック相, Col はカラムナー相.

高い化合物として知られているが, 分子構造を非対称として結晶化を抑制することで液晶相が安定に発現するようになる. そして, 層状に分子配列したスメクチック液晶相の層構造に沿った二次元的な電荷輸送特性が発現する. このスメクチック相における分子の配向秩序と電荷輸送特性の関係は, 舟橋・半那らによって系統的に調べられている[14,15]. また, ジアルキルフルオレンを中心骨格に導入したネマチック液晶性のオリゴチオフェン誘導体 11 [18]) も報告されている. この場合は, フルオレン部位の側方アルキル置換基が層状の密な分子パッキングを阻害することで, ネマチック液晶相が誘起される.

ここまで述べた通り, 棒状の π 共役液晶分子は通常スメクチック相やネマチック相を示すが, 直鎖状 π 共役系でありながらカラムナーやミセ

ルキュービック相などの多様な液晶相を発現する液晶半導体も開発されている[19, 20]．分子末端に3本ずつアルキル鎖を導入したオリゴチオフェン誘導体12は，ナノ相分離およびπ–π相互作用を駆動力として，分子が一次元的に積層することでカラムナー液晶構造を安定に形成し，カラム構造に基づく異方的な電子・光機能性が発現する[19]．末端アルキル基の数や鎖長を変化させることにより，ナノスケールの分子集積構造および電子機能を制御することが可能である．

液晶半導体材料は，スピンコート法などの溶液プロセスによって大面積で均一な薄膜を形成できるとともに，分子配向やドメインの制御も可能という優れた特徴を有しているため，これらの材料を活性層に用いたFETが精力的に研究されている[15–17]．例えば，オリゴチオフェン9は，ラビング処理を施したポリイミド膜上でアニーリングを行うことにより巨視的に配向（ホモジーニアス配向）した薄膜を形成し，これをFETに用いると電荷輸送特性に異方性が現れる[16]．ラビング垂直方向の移動度は，水平方向よりも1桁程度高いという結果が得られている．

近年，FETのさらなる高性能化を指向して，ヘテロアセン（縮合多環芳香族）骨格を基盤とする有機半導体材料の開発も進められている．例えば，瀧宮らが合成したベンゾチエノベンゾチオフェン (BTBT) 誘導体13[21]は，高い安定性・製膜性と優れた電荷輸送特性を兼ね備えた有機半導体材料としてよく知られている．新しいインクジェット印刷法を適用した製膜プロセスによって，FETにおける正孔移動度が従来のスピ

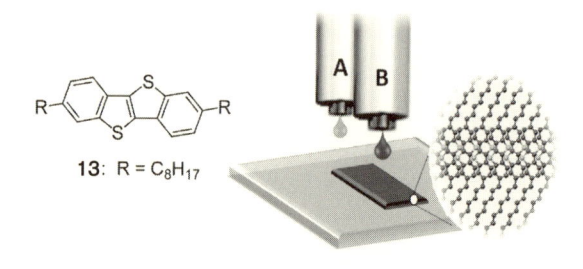

13: $R = C_8H_{17}$

図 3.13 ヘテロアセン骨格を有する有機半導体とインクジェット印刷法による薄膜形成．

ンコート法と比較して数十倍以上向上することが明らかにされた [22]（図 **3.13**）．結晶化を促すインク (A) と有機半導体インク (B) をミクロ液滴として交互に印刷する技術により，分子レベルで平坦かつ均一な単結晶薄膜を作製でき，FET において平均 16.4 cm^2/Vs，最高で 31.3 cm^2/Vs の超高速移動度が達成されている．このように，新たな分子骨格のデザインとプロセス開発の相乗効果により，安定性および半導体特性においてさらなる進展が期待される．

　高分子系においても，自己組織化により優れた電子機能を発現する材料が数多く見出されている（図 **3.14**）．1990 年代に報告されたレジオレギュラーポリ (3-ヘキシルチオフェン) **14** [23] (P3HT) は，最もよく知られた高分子半導体であり，キャリア移動度が 0.1 cm^2/Vs に達した最初の高分子である [24, 25]．P3HT は，アルキル側鎖が head-to-tail 構造となる結合位置規則性を有し，規則性をもたない高分子と比べて π 共役主鎖骨格の平面性が高まり，分子間相互作用が強くなることが知られている．すなわち，結合位置規則性を制御して高分子の自己組織化能を向上させることで高移動度化を実現できる．さらに，P3HT の高分子主鎖の配向性によってキャリア移動度は $10^{-4} \sim 10^{-1}$ cm^2/Vs の 3 桁程度の差違が生じることが明らかにされている．P3HT が精緻に配列したラメ

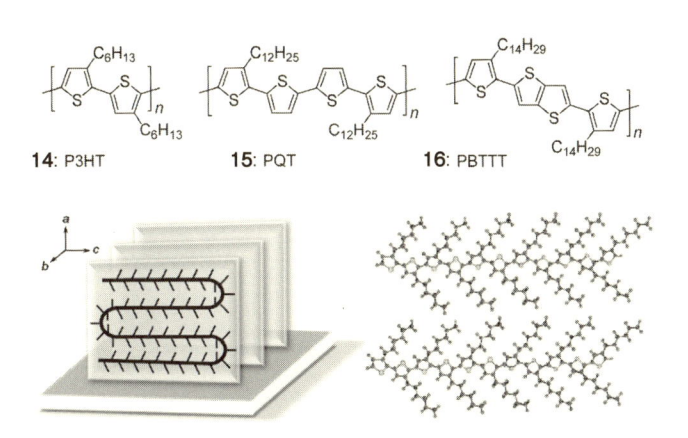

14: P3HT　　**15**: PQT　　**16**: PBTTT

図 **3.14** 高分子半導体の分子構造と P3HT の自己組織ラメラ構造の模式図．

ラ構造（図 3.14）においては，低分子有機半導体材料とは異なり，π–スタッキングによる高分子鎖積層（b 軸）方向よりも高分子主鎖（c 軸）方向の電荷輸送を効率的に利用することが，高性能 FET の実現には重要である．

さらに高い自己組織化能を有するチオフェン系高分子半導体として，PQT [26]（化合物 15）や PBTTT [27]（化合物 16）などが知られている（図 3.14）．PBTTT では，アルキル側鎖の規則性に加えてチエノチオフェン環を導入したことで，高分子主鎖の平面性がさらに向上した分子構造となっている．PBTTT を用いた FET では，高温領域で現れる液晶相を使って結晶領域の割合を増加させる手法を用いることにより，正孔移動度 0.6 cm^2/Vs が得られており，P3HT を超える p 型半導体特性を示すことが明らかにされている．

3.2.3 電子活性分子の自己組織化と機能

近年，ユニークな集合構造を自己組織的に形成する電子活性材料に注目が集まっている．なかでもフラーレンを基盤とする電子活性材料は，エレクトロニクス分野における n 型半導体としての機能性の観点からも興味がもたれている．中村・加藤らは，C_{60} フラーレンに五つのメソゲン基を導入したシャトルコック型の液晶分子 17 [28] を報告している（図

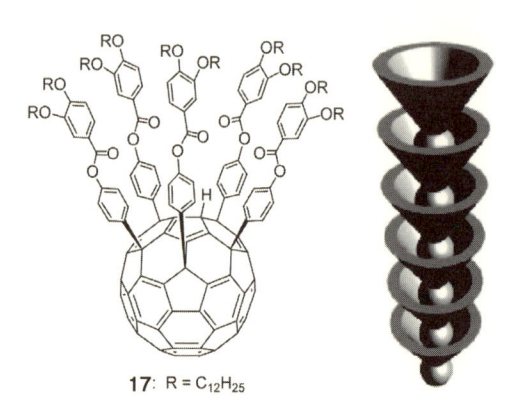

17: R = $C_{12}H_{25}$

図 3.15 液晶性シャトルコック型フラーレンの分子構造と一次元カラム状自己組織化．

3.15)．この分子は，head-to-tail 様式で積層してカラム状集合構造を自己組織的に形成し，広い温度範囲でカラムナー液晶相を発現する．液晶状態においてフラーレン分子は一次元直線状に規則的に配列していることから，フラーレンの電子移動や酸化還元，光物性を利用した新しい異方的機能性材料への展開に期待がもたれる．

また，ロタキサンなどのインターロック分子を基本骨格とした電子活性液晶材料も開発されている．ロタキサンは，ダンベル型分子の中央部分を環状部位が取り囲んだ化合物であり，その分子構造に基づく特異的な運動性を有することから分子マシンとしての応用展開が期待されている．加藤，Stoddart らは双安定性ロタキサン分子の両末端にデンドロン型メソゲン構造を導入した液晶性ロタキサン 18 を報告した（図 **3.16**）．この分子は，自己組織化により層状構造を有するスメクチック液晶構造を形成し，レドックス刺激によって環状部位が可逆的に運動する新しい電子活性材料である [29,30]．

本節では，有機半導体分子・高分子の自己組織化と電子機能について述べた．次世代の有機半導体材料の開発に求められるのは，分子間相互作用も考慮に入れた三次元的な超分子自己組織構造のデザインである．液晶の特性を融合することで，多彩なナノスケールの秩序構造を自発的に形成するユニークな有機半導体材料へと昇華させることも可能である．有機半導体材料を用いた有機薄膜トランジスタは，現在までにアモルファスシリコントランジスタの性能（移動度～$1 \text{ cm}^2/\text{Vs}$）を凌駕し，高いポテンシャルをもつことが実証されている．アモルファスシリコントランジスタを有機薄膜トランジスタで置き換えることができれば，将来的にはオール有機のフレキシブルディスプレイの実現も可能であり，有機エレクトロニクス分野の今後の進展が期待できる．

86　第3章　自己組織化と機能

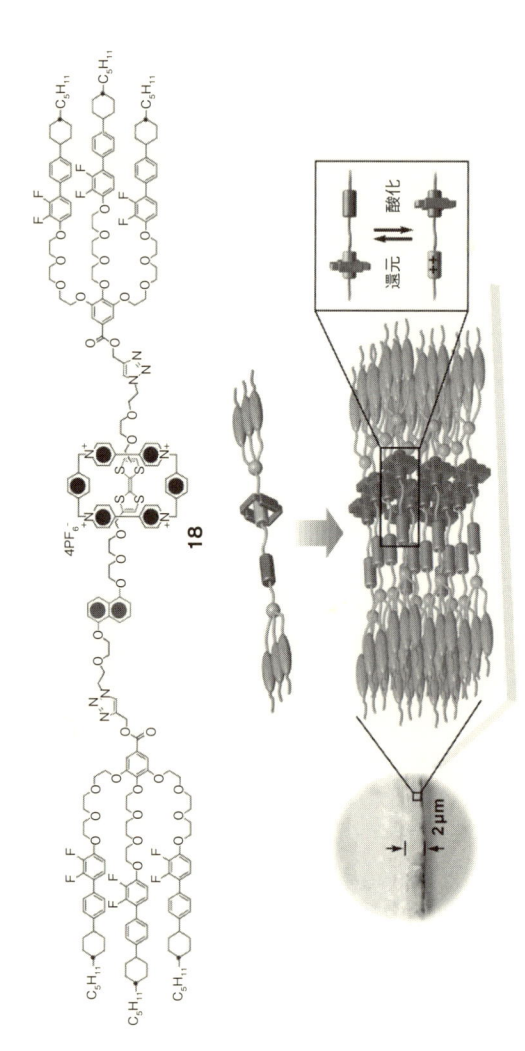

図 3.16　液晶性ロタキサンの自己組織化とレドックス応答.

引用・参考文献

1) 日本学術振興会情報科学用有機材料第 142 委員会 C 部会 (編):「有機半導体デバイス —基礎から先端材料・デバイスまで—」, (オーム社, 2010).
2) 加藤隆史 (監修):「液晶—構造制御と機能化の最前線」, (シーエムシー出版, 2010).
3) 液晶便覧編集委員会 (編):「液晶便覧」, (丸善, 2000).
4) T. Kato, N. Mizoshita and K. Kishimoto: *Angew. Chem. Int. Ed.*, **45**, 38 (2006).
5) T. Kato, T. Yasuda, Y. Kamikawa and M. Yoshio: *Chem. Commun.*, **37**, 729 (2009).
6) D. Adam, P. Schuhmacher, J. Simmerer, L. Häussling, K. Siemensmeyer, K. H. Etzbach, H. Ringsdorf and D. Haarer: *Nature*, **371**, 141 (1994).
7) H. Iino, J. Hanna and D. Haarer: *Phys. Rev. B*, **72**, 193203 (2005).
8) P. G. Schouten, J. M. Warman, M. P. de Haas, C. F. van Nostrum, G. H. Gelinck, R. J. M. Nolte, M. J. Copyn, J. W. Zwikker, M. K. Engel, M. Hanack, Y. H. Chang and W. T. Ford: *J. Am. Chem. Soc.*, **116**, 6880 (1994).
9) P. Herwig, C. W. Kayser, K. Müllen and H. W. Spiess: *Adv. Mater.*, **8**, 510 (1996).
10) A. M. van de Craats, J. M. Warman, A. Fechtenkötter, J. D. Brand, M. A. Harbison and K. Müllen: *Adv. Mater.*, **11**, 1469 (1999).
11) A. Tracz, J. K. Jeszka, M. D. Watson, W. Pisula, K. Müllen and T. Pakula: *J. Am. Chem. Soc.*, **125**, 1682 (2003).
12) W. Pisula, A. Menon, M. Stepputat, I. Lieberwirth, U. Kolb, A. Tracz, H. Sirringhaus, T. Pakula and K. Müllen: *Adv. Mater.*, **17**, 684 (2005).
13) Z. An, J. Yu, S. C. Jones, S. Barlow, S. Yoo, B. Domercq, P. Prins, L. D. A. Siebbeles, B. Kippelen and S. R. Marder: *Adv. Mater.*, **17**, 2580 (2005).
14) M. Funahashi and J. Hanna: *Adv. Mater.*, **17**, 594 (2005).
15) M. Funahashi, F. Zhang and N. Tamaoki: *Adv. Mater.*, **19**, 353 (2007).
16) A. J. J. M. van Breemen, P. T. Herwig, C. H. T. chlon, J. Sweelssen, H. F. Schoo, S. Setayesh, W. M. Hardeman, C. A. Martin, D. M. de Leeuw, J. J. P. Valeton, C. W. M. Bastiaansen, D. J. Broer, A. R. Popa-Merticaru and S. C. J. Meskers: *J. Am. Chem. Soc.*, **128**, 2336 (2006).
17) K. Oikawa, H. Monobe, K. Nakayama, T. Kimoto, K. Tsuchiya, B. Heinrich, D. Guillon, Y. Shimizu and M. Yokoyama: *Adv. Mater.*, **19**,

1864 (2007).
18) K. L. Woon, M. P. Aldred, P. Vlachos, G. H. Mehl, T. Stirner, S. M. Kelly and M. O'Neill: *Chem. Mater.*, **18**, 2311 (2006).
19) T. Yasuda, H. Ooi, J. Morita, Y. Akama, K. Minoura, M. Funahashi, T. Shimomura and T. Kato: *Adv. Funct. Mater.*, **19**, 411 (2009).
20) T. Yasuda, K. Kishimoto and T. Kato: *Chem. Commun.*, **34**, 3399 (2006).
21) H. Ebata, T. Izawa, E. Miyazaki, K. Takimiya, M. Ikeda, H. Kuwabara and T. Yui: *J. Am. Chem. Soc.*, **129**, 15732 (2007).
22) H. Minemawari, T. Yamada, H. Matsui, J. Tsutsumi, S. Haas, R. Chiba, R. Kumai and T. Hasegawa: *Nature*, **475**, 364 (2011).
23) R. D. McCullough, R. D. Lowe, M. Jayaraman, D. L. Anderson: *J. Org. Chem.*, **58**, 904 (1993).
24) H. Sirringhaus, N. Tessler and R. H. Friend: *Science*, **280**, 1741 (1998).
25) H. Sirringhaus, P. J. Brown, R. H. friend, M. M. Nielsen, K. Bechgaard, B. M. W. Langeveld-Voss, A. J. H. Spiering, R. A. J. Janssen, E. W. Meijer, P. Herwig and D. M. de Leeuw: *Nature*, **401**, 685 (1999).
26) B. S. Ong, Y. Wu, P. Liu and S. Gardner: *J. Am. Chem. Soc.*, **126**, 3378 (2004).
27) I. McCulloch, M. Heeney, C. Bailey, K. Genevicius, I. MacDonald, M. Shkunov, D. Sparrowe, S. Tierney, R. Wagner, W. Zhang, M. L. Chabinyc, R. J. Kline, M. D. McGehee and M. F. Toney: *Nat. Mater.*, **5**, 328 (2006).
28) M. Sawamura, K. Kawai, Y. Matsuo, K. Kanie, T. Kato and E. Nakamura: *Nature*, **419**, 702 (2002).
29) I. Aprahamian, T. Yasuda, T. Ikeda, S. Saha, W. R. Dichtel, K. Isoda, T. Kato and J. F. Stoddart: *Angew. Chem. Int. Ed.*, **46**, 4675 (2007).
30) T. Yasuda, K. Tanabe, T. Tsuji, K. K. Coti, I. Aprahamian, J. F. Stoddart and T. Kato: *Chem. Commun.*, **46**, 1224 (2010).

3.3 イオン

生体のイオンチャンネルによる刺激伝達や電池電解質におけるエネルギー変換では，目的イオンを効率よく輸送することが極めて重要である．本節では，イオン輸送に対して，分子の自己組織化がどのような役割を果たすかについて解説する．

3.3.1 天然・人工イオンチャンネル [1,2]

生体膜に存在するチャンネル分子は，脂質二分子膜の中に埋め込まれ，特定のイオンを1秒間に100万個のオーダーで高速に透過する機能を備えている．天然イオンチャンネル分子の代表例として，グラミシジン A [3] やアンフォテリシン B [4] がある．グラミシジン A は，15個の疎水性アミノ酸残基からなり，ヘリックス構造を形成する．二分子膜中で2個のヘリックスがつながり，イオンがその内孔を通って輸送される．親水性鎖と疎水性鎖からなるループ状のアンフォテリシン B の場合は，親水性鎖を内側に，疎水性鎖を外側に配向させて，ステロールと 1:1 で会合することにより，直径 8 Å 程度の親水的な空孔を形成してイオンを輸送すると考えられている．生体は，分子の自己組織化を巧みに利用して，選択的イオンを高速に輸送するためのナノポアを形成している．このようなイオンチャンネルを人工的に構築しようとする研究が注目を集めている．

イオンチャンネルを形成する自己組織性分子の例を図 3.17 に示す．分子間水素結合によりナノチューブを形成する環状ペプチド 1，ジオールやペプチドの分子間水素結合により，ワイン樽のような構造を形成するオリゴフェニレン誘導体 2 および 3（図 3.18），イオン–双極子相互作用によりテトラマーを形成する葉酸誘導体 4 などがある．この他にも，一分子でイオンチャンネルとして機能するカリックスアレーン誘導体，α-シクロデキストリン誘導体，双頭型両親媒性分子などが合成されている [2]．脂質二分子膜（厚さ 50 Å 程度）に埋め込まれたイオンチャンネルにおいて，リチウムイオン，ナトリウムイオン，カリウムイオンなどの一価のカチオンの透過性が調べられており，天然イオンチャンネルに匹敵するチャンネル電流を示す人工イオンチャンネルも開発されている．

90   第 3 章　自己組織化と機能

図 3.17　人工イオンチャンネル形成分子.

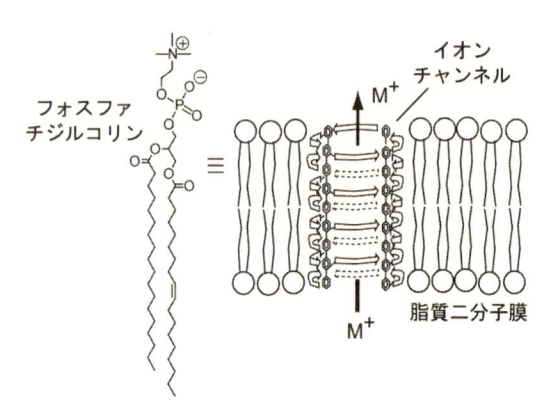

図 3.18　脂質二分子膜に埋め込まれた分子 3 により形成されたイオンチャンネル.

3.3.2 液晶性イオン伝導材料[6-9]

リチウムイオン電池や色素増感太陽電池などのイオンの動きを電子の動きに変換するエネルギーデバイスにおいても，選択的イオンを高速に輸送することが，エネルギーの高効率利用の観点から重要な課題となっている．例えば，代表的なリチウムイオン伝導性高分子であるポリエチレンオキシドにおいては，ポリマー主鎖にアニオンを捕捉するホウ素を

カラムナー液晶　　スメクチック液晶　　双連続キュービック液晶
（1次元イオン伝導）　（2次元イオン伝導）　（3次元イオン伝導）

図 3.19　ナノイオンチャンネルを形成した液晶ナノ構造．

図 3.20　イオン伝導性液晶．

導入することにより，リチウムイオン輸率が飛躍的に高まることが報告されている[10]．このような分子の化学構造からの機能設計に加えて，分子自己組織化に基づく構造形成により機能を発現させるアプローチが関心を集めている．イオン伝導部位を有する液晶性分子の自己組織化により，イオンを効率よく伝導する一次元から三次元のナノイオンチャンネル（図 3.19）の構築が行われている[11-15]．図 3.20 に代表的なイオン伝導性液晶の例を示す．オリゴエチレンオキシド鎖が層状に並んだスメクチック液晶 5，イミダゾリウム型イオン液体と水酸基を有する棒状分子が相互作用することにより，イオン伝導性のイオン液体が層状に並んだスメクチック液晶 6，クラウンエーテルやイミダゾリウム塩部位を有するカラムナー液晶 7 および 8，アンモニウム塩部位が三次元ネットワーク

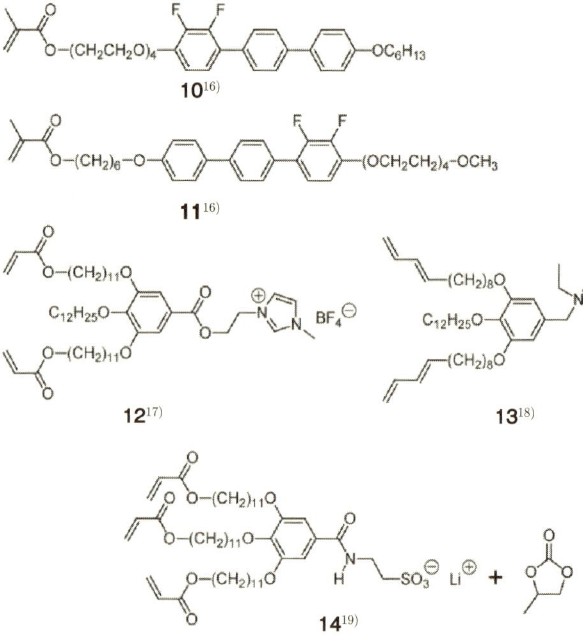

図 3.21 光重合性基を有するイオン伝導性液晶．

状のチャンネルを形成した双連続キュービック液晶9などの多様な次元のチャンネル構造を有する伝導材料が開発されている．スメクチック液晶やカラムナー液晶においては，分子をマクロスコピックに配向制御することにより，異方的イオン伝導性が発現し，秩序構造をもたない液体状態よりも伝導性が高まることが見出されている．また，メタクリレート基，アクリレート基，ジエン基などの光重合性基が導入されたイオン伝導性液晶も設計されている（図 3.21）[16-19]．マクロに配向した液晶のナノ構造を光重合で固定化することにより，自立性を有するフィルム状のイオン伝導体が開発されている．テトラエチレングリコール鎖の位置が異なるスメクチック液晶性分子 10 と 11 の高分子フィルムのリチウムイオン伝導性が調べられている [16]．イオン伝導部位を高分子主鎖から離して，より自由に動けるように設計した分子 11 の方が，分子 10 よりも高いイオン伝導性を示す．カラムナー液晶性を示す分子 12 からは，図 3.22 に示すように，異なる 2 種類の配向を有する高分子フィルムが作製されている [17]．液晶状態のモノマーに機械的なせん断を印加した場合は，基板上でのカラムの水平一軸配向が達成されている．一方，3-（アミノプロピル）トリエトキシシラン で表面化学修飾したガラス基板を用いると，カラムが基板に垂直な方向に自発配向することが見出されている．紫外線照射により配向を固定化することにより，幅広い温度範囲で異方的イオン伝導性を発現させることに成功している．分子 13 や 14 からは，三次元的に連結したナノイオンチャンネル構造を有する高分

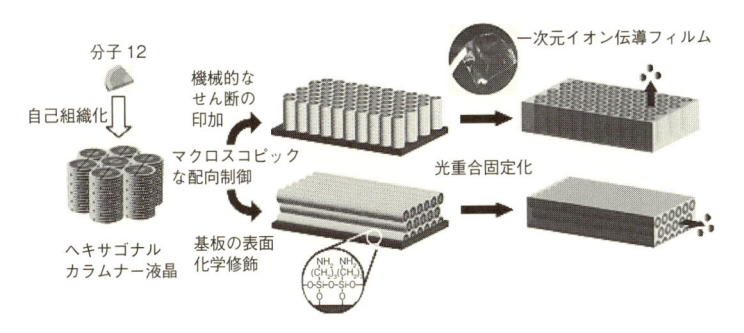

図 3.22 イオン性カラムナー液晶の配向制御による一次元イオン伝導フィルムの構築．

子フィルム伝導体が開発されている.分子 13 は,単独で双連続キュービック液晶相を発現するサーモトロピック液晶であるのに対し,分子 14 は電解質として機能するプロピレンカーボネートを溶媒としたリオトロピック液晶である.これらの液晶性イオン伝導材料では,目的イオンの選択的輸送性を向上することが課題として残っている.先に述べたような原子レベルでの機能向上を目指した材料設計と分子自己組織化によるナノチャンネル形成を組み合わせることにより,高性能な電解質材料の開発が期待される.

引用・参考文献

1) 曽我部正博:「イオンチャネル–電気信号をつくる分子」, (共立出版, 1997).
2) S. Matile, A. V. Jentzsch, J. Montenegro and A. Fin: *Chem. Soc. Rev.*, **40**, 2453 (2011).
3) B. A. Wallace: *Annu. Rev. Biophys. Biophys. Chem.*, **19**, 127 (1990).
4) G. Fujii, J.-E. Chang, T. Coley and B. Steere: *Biochemistry*, **36**, 4959 (1997).
5) J. Sánchez-Quesada, M. P. Isler and M. R. Ghadiri: *J. Am. Chem. Soc.*, **124**, 10004 (2002).
6) T. Kato: *Angew. Chem. Int. Ed.*, **49**, 7847 (2010).
7) T. Kato, N. Mizoshita and K. Kishimoto: *Angew. Chem. Int. Ed.*, **45**, 38 (2006).
8) M. Funahashi, H. Shimura, M. Yoshio and T. Kato: *Struct. Bond.*, **128**, 151 (2008).
9) 吉尾正史, 加藤隆史: 表面科学, **28**, 318 (2007).
10) 松見紀佳: 高分子論文集, **67**, 465 (2010) .
11) T. Ohtake, M. Ogasawara, K. Ito-Akita, N. Nishina, S. Ujiie, H. Ohno and T. Kato: *Chem. Mater.*, **12**, 782 (2000).
12) M. Yoshio, T. Mukai, K. Kanie, M. Yoshizawa, H. Ohno and T. Kato: *Adv. Mater.*, **14**, 351 (2002).
13) V. Percec, G. Johansson, J. Heck, G. Ungar and S. V. Batty: *J. Chem. Soc. Perkin Trans.* **1**, 1411 (1993).
14) M. Yoshio, T. Mukai, H. Ohno and T. Kato: *J. Am. Chem. Soc.*, **126**, 994 (2004).
15) T. Ichikawa, M. Yoshio, A. Hamasaki, T. Mukai, H. Ohno and T. Kato: *J. Am. Chem. Soc.*, **129**, 10662 (2007).
16) K. Kishimoto, T. Suzawa, T. Yokota, T. Mukai, H. Ohno and T. Kato: *J. Am. Chem. Soc.*, **127**, 15618 (2005).
17) M. Yoshio, T. Kagata, K. Hoshino, T. Mukai, H. Ohno and T. Kato:

J. Am. Chem. Soc., **128**, 5570 (2006).
18) T. Ichikawa, M. Yoshio, A. Hamasaki, J. Kagimoto, H. Ohno and T. Kato: *J. Am. Chem. Soc.*, **133**, 2163 (2011).
19) R. L. Kerr, S. A. Miller, R. K. Shoemaker, B. J. Elliott and D. L. Gin: *J. Am. Chem. Soc.*, **131**, 15972 (2009).

3.4 力学

3.4.1 はじめに

材料の力学特性はその構造に大きく依存する．構造材料としては剛性が高く破壊されにくい材料が求められるが，通常，材料の剛性，すなわち弾性率が増加すれば脆性が高まり強度が減少する．しかしながら，その組織構造を制御することにより，相反する弾性率と脆性を同時に高めることも可能である．本節では，組織構造制御により力学物性が著しく向上する例，外場により自己組織化が起こり粘性が変化する現象について紹介する．最近著しい発展を遂げたゲルについては特に多くの紙面を割いた．

3.4.2 液晶紡糸

高強度・高弾性の繊維を作るには，線状高分子の主鎖を繊維軸に揃え，機械的なテンションをできるだけ多数の共有結合で支えるような分子レベルでの組織構造の制御が重要となる．ポリパラフェニレンテレフタルアミド (PPTA) は濃硫酸中で主鎖が自己組織的に平行配列した濃度誘起型ネマチック液晶となり，この状態で紡糸すると高分子主鎖が繊維方向に高度に配向した高強度・高弾性の繊維が得られる．このような液晶状態を利用して高配向の繊維を製造する方法は液晶紡糸と呼ばれる．もし，紡糸させようとする溶液中で高分子鎖の配列がランダムな場合，高配向の繊維を得ようとするには配向エントロピーを極大（無秩序）の状態からより小さい（秩序）状態へ変化させる過程が必要で，さらに高分子量の高分子では絡み合いを解きほぐすことも必要となる．そのため，通常の溶液から高度に配向した繊維を作ることは容易ではない．一方，液晶状態にある溶液では，高分子鎖は分子レベルで既に配向して高秩序状態にあるので，そのマクロな方位（ダイレクター）を揃えるだけでよい（図 **3.23**）．ネマチック液晶のダイレクターの回転は，基本的に復元力の働かない南部–ゴールドストーンモードで，わずかなトルクにより容易に配向変化が可能である．そのため，紡糸過程のせん断流によりダイレクターが容易に繊維軸方向に揃い，高配向の繊維が得られる．有機繊維で最高

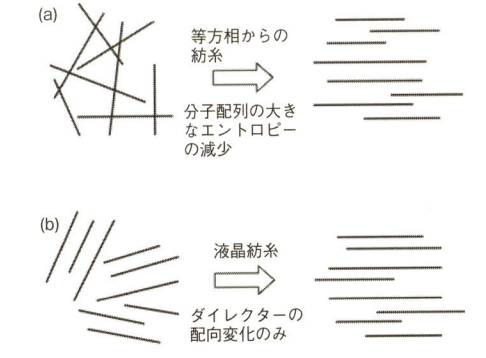

図 3.23 紡糸による高分子の配向の模式図．(a) 等方性の溶液からの紡糸，(b) 液晶相からの紡糸．

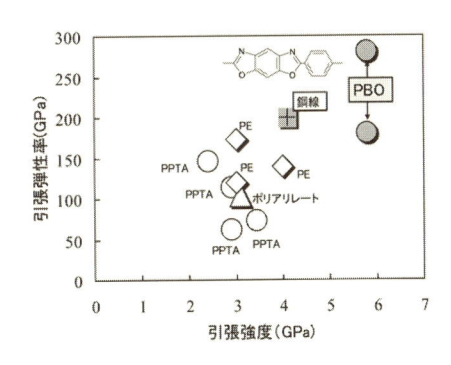

図 3.24 各種高強度繊維の引張強度–引張弾性率マップ．ポリパラフェニレンベンゾビスオキサゾール（PBO）は優れた力学特性を示す．
出典: 村瀬浩貴: 繊維学会誌, **66**, 176(2010).

レベルの引張強度，弾性率，耐熱性，難燃性を示すポリパラフェニレンベンゾビスオキサゾール (PBO) も液晶紡糸で製造され，防弾チョッキ，消防服，ケーブルなどに応用されている．図 **3.24** は各種繊維の力学特性であるが，PBO がいかに優れているかがよくわかる．興味深いことに，クモやカイコなどの紡糸生物も液晶紡糸と同様の機構により糸を作り出していると言われている．

3.4.3 ゲル

ゲルは液体の中で分散質がネットワークを形成したことによって流動性を失った状態であり，大部分が液体であるため大きな変形を示す．ゲルの力学特性，特に破壊強度は，大変形したネットワーク分散質がいかに応力に耐えるかによって決まる．その破壊メカニズムは一般の固体とは大きく異なることが多い．近年，著しく高い靱性を示す高分子ヒドロゲルが開発され注目を集めている．このようなゲルの優れた力学特性は高分子ネットワークの特殊な組織構造によるものであり，以下に代表的な強靱高分子ゲルを紹介する．

従来の化学架橋型高分子ゲルでは，高分子ネットワーク構造が不均一で，変形により一部の架橋点に応力が集中する．そのため，容易に破壊が起き，高い強度を保つことは困難である．奥村，伊藤らは，架橋点に8字型のシクロデキストリンを導入し，架橋点が滑車のように分子鎖に沿ってスライドして応力がネットワーク全体に分散する環動（トポロジ

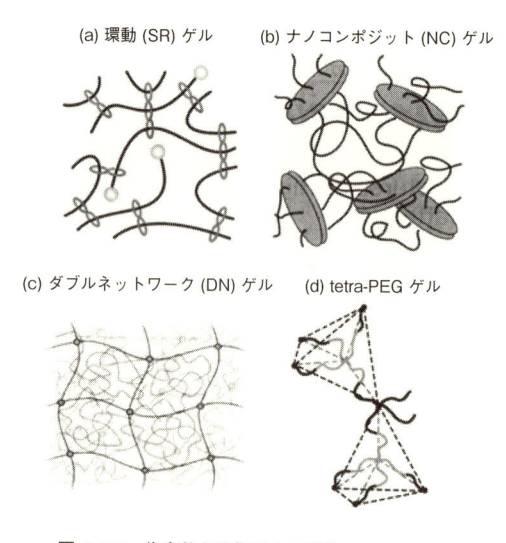

図 3.25 代表的な強靱ゲルの構造．
出典：柴山充弘: 高分子, **59**, 701(2010).

カル）ゲルを開発した（図 **3.25** (a)）[2]．環動ゲルは最大伸張数 100%，破壊強度数 10 kPa など，従来の化学架橋型高分子ゲルを遙かに凌駕する優れた力学特性を示す．また，全ての結合が共有結合であるため形状安定性も高い．一般に，液体中で高分子のネットワーク構造を形成する際，反応に伴う物質や熱の不均一な分布は避けられず，均一なネットワーク構造を形成することは困難である．環動ゲルは，ネットワークを形成した後も，架橋点が再配列でき，空間的不均一さを自己修復的に解消する点に特徴をもち，一般の化学ゲルの問題を革新的に解消した．

原口らは高分子として最も代表的な刺激応答性高分子であるポリ（N-イソプロピルアクリルアミド）(PNIPA) を用い，層状剥離した無機粘土鉱物（クレイ：ヘクトライト）を超多官能な架橋剤として働かせることで，強靱な力学物性を示すナノコンポジットゲル（NC ゲル）を創製した（図 3.25 (b)）[3-5]．NC ゲルは，1000%以上の超延伸性，化学架橋ゲルの 3300 倍に達する破壊エネルギーの他，透明性（構造均一性），膨潤／収縮性（大膨潤／高速収縮）なども示す（図 **3.26**）．NC ゲルは 90%以上が柔らかい水と高分子で，その中に固いクレイが分散したレオロジー的に不均一な構造である．このようなゲルに変形を与えると硬いクレイ表面に局所的に大きな応力が働く．また，クレイは高分子の架橋点にもなっているので，高分子の伸張に伴う応力もまたクレイ表面に集中する．NC ゲルでは，その応力が最も集中しやすいクレイ表面に多数の高分子が結合していることで応力が多点で支持される構造となっている．クレイが平板状であることが高分子の多数の結合を可能にしており，しかもクレイ表面と高分子の結合は共有結合でないため高延伸に伴う脱着と変形を戻したときの再吸着が可能である．このように大きな応力が選択的にかかる場所に集中して多数の高分子が存在し，吸脱着も可能な構造的仕組みが NC ゲルの高い靱性の原因と考えられる．

Gong らは硬くて脆い高分子電解質ゲル (PAMPS) と柔らかい中性ゲル (PAAm) の二重ネットワーク構造をもつダブルネットワーク (DN) ゲルを開発した（図 3.25 (c)）[6]．DN ゲルは MPa オーダーの高弾性をもちながら，90%以上の圧縮変形にも耐え，20〜60MPa の破断強度を示す．DN ゲルの強さは，性質の異なる 2 種類の網目が互いに助け合い，亀

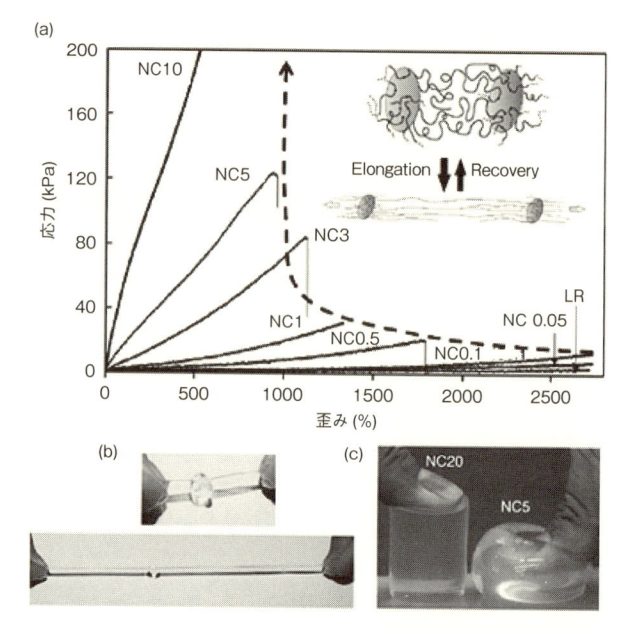

図 3.26 ナノコンポジットゲルの力学特性. (a) 応力–歪み曲線のクレイ濃度依存性, (b) 結び目を作っても破壊されない強靱性, (c) クレイ濃度の異なるナノコンポジットゲルの固さの違い.
出典：K. Haraguchi: *Polym. J.*, **43**, 223 (2011).

裂の進行を抑えることに起因するとされる[7]. DN ゲルに力が加わると, まず硬くてもろい PAMPS ゲルに亀裂が生じる. 普通のゲルの場合, この一つの小さな亀裂が一瞬で全体に広がり, 壊れてしまうが, DN ゲルの場合, よく伸びる PAAm ゲルが壊れた PAMPS ゲルをつなぎとめるために亀裂は進行せず, むしろ多くの小さい亀裂がゲル内に生じる. これら多くの亀裂によってゲルに加えられた力が分散されるため, DN ゲルは高い強度を示すと考えられている. DN ゲルの破壊エネルギーは, 構成成分の二つのゲルの単体での破壊エネルギーを遙かに超えるものであり, 既存の固体力学では説明ができない. 軟骨などの生体組織は, 硬いコラーゲン繊維と柔らかいプロテオグリカン凝集体の複合構造を形成し,

相反する弾性と靱性を硬・軟両成分で分担して担っていると言われている。DN ゲルはこのような生体系の自己組織構造体に類似したメカニズムで優れた力学特性を示すと考えられる。

酒井らは，4 分岐ポリマーを用いることにより均一なネットワーク構造を有する Tetra-PEG ゲルを作製した（図 3.25 (d)）[9]。Tetra-PEG ゲルはそれぞれの末端にアミンと活性エステルを有する 4 分岐ポリマー同士の末端交差結合によって得られる。末端交差結合は異種官能基間でのみ起こるため自己捕食によるループ形成などが起こらず，絡み合いの少ない理想的なネットワーク構造をボトムアップ的に作ることが可能である。Tetra-PEG ゲルは非常に低い損失弾性率と数 100% の高延伸を示すが，小角中性子散乱実験により高延伸状態でも等方的な構造を保っていることが明らかとなった。この事実は，Tetra-PEG ゲルのネットワーク構造の均一性が極めて高いことを示している。

自己組織化ヒドロゲルの示す興味深い機能として，力学的変形による呈色現象を挙げることができる。Gong らは，引っ張ることにより構造色が変化するヒドロゲルを開発した。このゲルの中には周期的に組織化した二分子膜のミクロドメインが存在し，その周期構造のためブラッグの回折を生じる。このゲルに延伸や圧縮などの変形を加えると可視域全体にわたる色の変化を示し，力を除去し変形を戻すと可逆的に色も復元する。マクロな変形が高分子ネットワークを通じて二分子膜のミクロドメインに作用し，周期構造を変化させていると考えられる。このような構造色ゲルは色の変化で力を感知する"応力センサー"として，力に対するゲルの複雑な応答を理解する手がかりになると期待されている。

3.4.4 電気粘性効果

電気的な刺激が物質の力学的性質を変化させる現象が知られているが，流体に電場を印加すると粘度が増大する現象を電気粘性効果という。電気粘性効果を示す流体は，電気機械変換素子（電気的に力を制御する装置）として自動車のクラッチ，ダンパー，マイクロマシンおよび歩行器等の福祉機器などへの応用が期待されている。大きな電気粘性効果を示す材料として，液体中に高誘電率の微粒子を分散させた系が知られてい

る.電場下で双極子モーメントを生じた微粒子は,図 3.27 のように電場に対して平行に連結した配列をとる.その結果,ずり変形に対して大きな抵抗を示すことになり,粘性が増大する.これが分散系流体が示す電気粘性効果のメカニズムと考えられている.折原らは,非相溶高分子ブレンド系においても電気粘性効果が生じることを見出し,そのレオロジーを構造論的に究明した[10].非相溶高分子ブレンドにおいては,粘度および電気的性質の異なる 2 種類の高分子(側鎖型液晶性高分子とジメチルシリコーン)が相溶せずに空間的に不均一な構造を作っており,これにせん断流および電場を加えると,図 3.28 のように種々の構造の形成および破壊が誘起されることが明らかとなった.このような構造変化

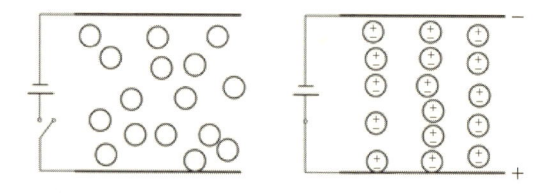

図 3.27　電場下で微粒子が配列するメカニズム.

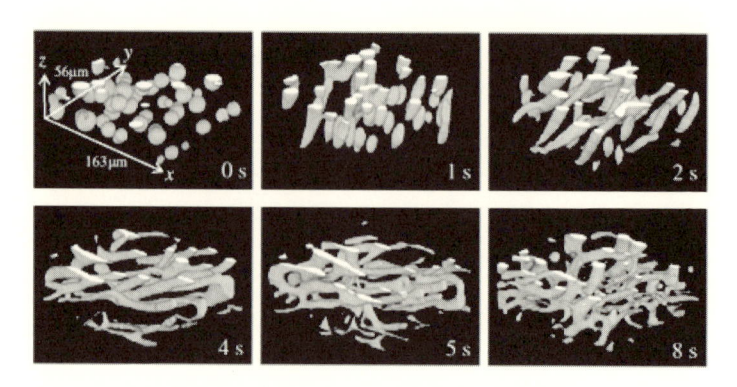

図 3.28　粘度および電気的性質の異なる 2 種類の高分子(側鎖型液晶性高分子とジメチルシリコーン)の相分離構造のせん断流および電場依存性.
出典:H. Orihara, Y. Nishimoto, K. Aida and Y. H. Na: *Phys. Rev. E*, **83**, 026302 (2011).

はマクロな自己組織化とでも言うべきもので,粘度の変化はこの構造変化によって引き起こされる.

引用・参考文献

1) 村瀬浩貴: 繊維学会誌, **66**, 176(2010).
2) Y. Okumura and K. Ito: *Adv. Mater.*, **13**, 485 (2001).
3) K. Haraguchi and T. Takehisa: *Adv. Mater.*, **14**, 1120-1124 (2002)
4) K. Haraguchi and H. J. Li: *Angew. Chem. Int. Ed.* **44**, 6500 (2005).
5) K. Haraguchi: *Polym. J.*, **43**, 223 (2011).
6) J. P. Gong, Y. Katsuyama, T. Kurokawa and Y. Osada: *Adv. Mater.*, **15**, 1155(2003).
7) M. Huang, H. Furukawa, Y. Tanaka, T. Nakajima, Y. Osada and J. P. Gong: *Macromolecules*, **40**, 6658(2007).
8) 柴山充弘: 高分子, **59**, 701(2010).
9) T. Sakai, T. Matsunaga, Y. Yamamoto, C. Ito, R. Yoshida, S. Suzuki, N. Sasaki, M. Shibayama and U. Chung: *Macromolecules*, **41**, 5379 (2008).
10) H. Orihara, Y. Nishimoto, K. Aida and Y. H. Na: *Phys. Rev. E*, **83**, 026302 (2011).

3.5 界面

ぬれ性は材料界面の機能として典型的なものであり，古くから学術的に多くの興味がもたれてきただけでなく，応用面でも曇り・結露防止，汚れ防止，生体適合性，印刷プロセス，コーティング技術等と関わって極めて重要かつ広範な波及効果をもつ課題である．また，ぬれ性は材料表面の原子・分子レベルの組成や特性，さらには表面形状の特性を鋭敏に反映するので，単分子膜レベルや高分子表面設計など化学的観点からの研究対象としても興味深い．本節では界面機能として表面ぬれ性に着目し，分子集合体表面と表面グラフト膜を中心とした高分子表面を取り上げ，刺激応答表面に関する研究を概観する．

3.5.1 分子集合体表面

(1) 光応答

アゾベンゼンやスピロピランをもつ高分子材料表面のぬれ性が，フォトクロミック反応により可逆的に変化する現象は，石原，根岸らの研究[1,2]を端緒として広く知られている．また，LB膜にして分子配向を制御すれば，より明確な効果が得られる[3,4]．さらに最近は，分子自身の極性変化を超えたぬれ性変化や独特な現象も見出されており，それらを紹介する．

Jiangら[5]はアニオン性アゾベンゼン高分子とカチオン性高分子の交互吸着膜を調製する際に，平滑な表面とリソグラフィーでピラー状の凹凸を設けた表面では，その特性に大きな差異が生じることを報告している．凹凸表面ではWenzelモデル[6]で説明される，ぬれ性変化の顕著な増幅作用が観測され，特にピラー間隔が $40~\mu m$ 以下で大きな効果が得られている．Choら[7]は同様の概念で，シリカ粒子とカチオン性ポリマーの交互吸着により凹凸構造を有する光応答表面を構築している．平滑な表面では光照射に伴うぬれ性変化はわずかであるが，この凹凸表面では光異性化によって超親水と超撥水の間を劇的かつ可逆的に変化する（図 **3.29**）．

内田ら[8]は，ある種のジアリールエテン誘導体において，結晶表面へ

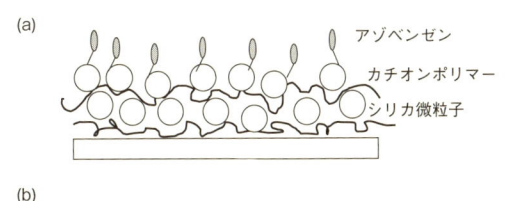

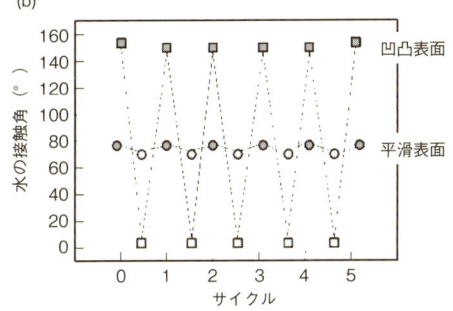

図 3.29 凹凸をもつアゾベンゼン表面での水の接触角（灰色：トランス体，白：シス体）．
出典：H. S. Lim, J. T. Han, D. Kwak, M. Jin and K. Cho: *J. Am. Chem. Soc.*, **128**, 14458 (2006).

の光照射で光異性化がもたらされた結果，針状結晶が生じ表面形態が大きく変わるために撥水性と超撥水性とをスイッチできる現象を見出している．結晶形態をうまく調整することで，水滴が転がる撥水表面（ハスの葉に見られるロータス効果）と，強く吸着される水滴付着姓表面（バラの花びらに見られるペタル効果）を作り分けることもできる[9]．また，ぬれ性に関連し，辻岡ら[10]はジアリールエテン薄膜への金属の蒸着性を光でスイッチングできることを報告している．この光スイッチングは，表面ガラス転移温度が光異性化によって変化するためであると解釈される．なお，これらの光照射と関わる新たな表面現象については，本シリーズの第8巻「フォトクロミズム」において詳細に述べられているので，そちらも参照されたい．

(2) 電気化学的応答

Lahann ら[11]は長鎖アルキルチオール誘導体を用いて，カルボキシ

レートが最表面に露出するような自己組織化単分子膜 (SAM) を金電極表面上に作製した．電極電位を変化させることにより，SAM 末端のカルボキシレートと金表面間に働く静電的な斥力と引力のスイッチングが可能である．SAM の平面密度を低くしておけば長鎖のコンフォメーション変化が可能になり，カルボキシレート部位が最表面に存在するか SAM 内に埋もれるかの違いを作ることができ，表面の親水性を電気化学的に変化させられる．この分子膜のコンフォメーション変化は和周波混合の IR 測定により確認されている．

金表面にフェロセニルアルカンチオール SAM を設けると，酸化/還元状態の変化によって水のぬれ性が大きく変わる．フェロセンは疎水性であるのでその SAM は水をはじく．しかし，フェロセンが酸化された際にはカチオンとなるので強い親水性を示す．これにより，電気化学的なぬれ性制御がなされている [12,13]．

電気化学的なぬれ性変化は共役高分子薄膜でも達成されている．Berggren ら [14] は，ポリアニリンフィルムと界面活性剤を組み合わせた膜系で，酸化/還元状態によって大きく水のぬれ性が変化することを示した．還元状態で親水的，酸化状態で疎水的表面が形成される．後者の方がポリマー鎖における正電荷が増えるので，疎水的になるのは一見不思議に思える．彼らは界面活性剤の配向が変化するとして，そのぬれ性変化を説明している．

(3) 液滴移動

ぬれ性の巧みな制御により，液滴をアクティブに移動させる表面を作ることができる．Chaundury と Whitesides は水滴が斜面を重力に逆らって登っていく現象を報告した [15]．SAM を調製する際，基板内で表面エネルギーの傾斜をつける工夫を施し，水滴の両側で異なる接触角となるような表面を作る．表面エネルギーを傾斜させるために，彼らはシリコンウエハー上をトリクロロオクチルシラン蒸気で処理する際にウエハーを水平に置いた．シラン溶液の近傍は強くシラン処理され疎水的になるが，その位置から遠ざかるにつれ拡散しにくくなり疎水性は弱まる．こうして 1 cm の距離で水との接触角が 97°〜25°の表面エネルギーの傾斜をもつ表面が得られる．この基板に水滴を落とすと，水滴は 15°傾け

た基板の上を秒速 1 mm 程度の速さで昇る．この水滴マジックのようなアイデアが当該領域に与えた影響は大きい．

市村ら[16]は，多点で基板上に強力に吸着するアゾベンゼン誘導体を用いて平板ないしはシリンダー内を修飾し，光による液滴移動を実証している（図 **3.30**）．アゾベンゼンのシス型は，トランス型より大きな双極子モーメントをもつので，シス型が多いほど表面エネルギーが高くなる．光照射を工夫して光量に傾斜をつければ，膜そのものは均一であっても，異性化状態の傾斜分布ができ，傾斜エネルギー表面ができる．この基板を用いれば，オリーブ油のような前進接触角と後退接触角のヒステリシスの小さい液滴を動かすことができる．アゾベンゼン単分子膜上の液滴移動に関わる要因については Picraux ら[17]により詳しく解析されており，それらも参照されたい．

電気化学的な操作による液滴移動も可能である．山田らは[18]，電解質溶液中でのニトロベンゼン液滴の接触角を観測した．この系では比較的大きなぬれ性変化を電気化学的に誘起できる．面内にて基板に電位バイアスをかけることにより，液滴をラチェット運動的に側方へ移動させて

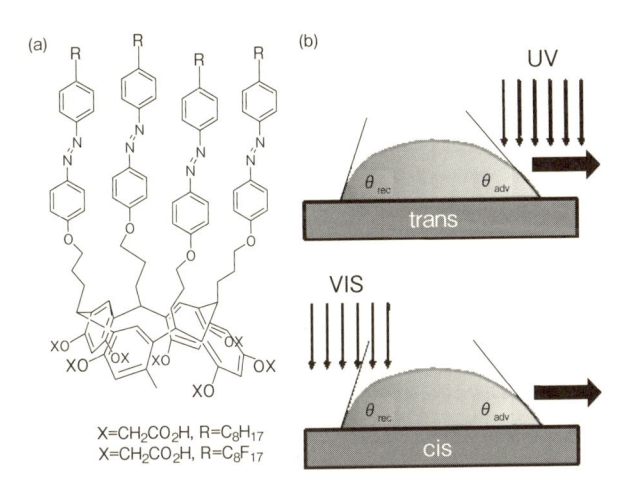

図 **3.30** 傾斜をもつ光照射による液滴移動．
出典：K. Ichimura, S-K. Oh and M. Nakagawa: *Science*, **288**, 1624 (2000).

いる.

3.5.2 グラフト高分子鎖表面

前項では,比較的固定された表面を扱った.本項では,より動的な刺激応答表面を提供する「ソフト表面」の代表的な系である表面グラフト膜を紹介する.リビングラジカル的な重合法の開発以降,材料表面に設けたポリマー鎖のグラフト膜に関する研究報告は急激に増加している.同じ組成の高分子鎖でも,グラフト鎖密度によって特性が変化する.福田・辻井らにより[19],高密度ブラシ状態にすることで,多くの特異的な特性や機能が発現することも示されている.

(1) 温度応答

ポリ(N-イソプロピルアクリルアミド)(PNIPAM)は水に対し,32℃付近に下部臨界相溶温度(LCST)を示す.PNIPAMからなるゲルやグラフト鎖の表面は,LCST以下の温度では水分子との水素結合が可能となり親水的表面を,その温度以上ではイソプロピル部分の分子運動性が増して水素結合が困難となり疎水的表面を形成することが広く知られている.温度を変化させてPNIPAMグラフト鎖表面のぬれ性を観測すれば,32℃付近を境にして不連続的に変化する[20].

岡野らは,PNIPAMグラフト鎖のぬれ性変化を細胞培養に利用し,温度変化による細胞の容易な脱着を可能にする再生医療のための有力な技術を開発している[21].Jiangら[22]は,PNIPAMをグラフトさせた表面で,平滑な表面であれば水の接触角が64°(25℃)と93°(40℃)の間で変化するが,リソグラフィーの手法によって表面にピラー構造を設けることで,前述した光応答性基板と同様に,超親水から超撥水へとぬれ性が劇的に変化する表面になることを示した.

最近,分子量の揃った高密度ブラシ鎖においては,先に紹介し,常識的に思われていたぬれ性挙動が逆転する例が,竹岡ら[23]により報告されている.図 **3.31** は,リビングラジカル重合によって分子量を揃えて高密度に形成させた精密PNIPAMブラシ鎖膜表面と,分子量を揃えていないラフなグラフト鎖膜表面の,水中での空気バブルの接触角の温度依存性を示している.空気バブルの場合は,水滴の接触角とは逆に接触

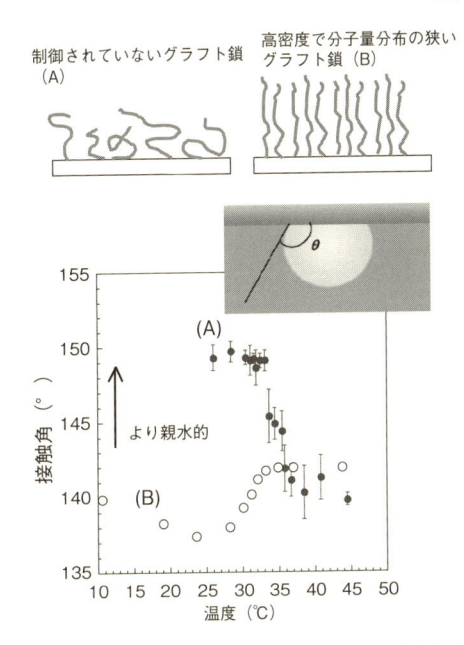

図 3.31 通常に見られる PNIPA 表面 (A) と分子量分布が狭く高密度なブラシ表面 (B) の水中空気バブルの接触角の温度依存性.
出典:H. Suzuki, M. H. Nurul, T. Seki, T. Kawamoto, H. Haga, K. Kawabata and Y. Takeoka: *Macromolecules*, **43**, 9945 (2010).

角が大きい方が親水表面である.興味深いことに,この二つのケースは全く逆の温度依存性を示す.ラフな表面グラフト鎖は一般に知られているように低温で親水性であり,これはゲル表面と同じ現象である.一方,精密ブラシ鎖は低温側にてかえって疎水的になる.これはブラシ鎖が伸張していて水和の状態が異なることと,より疎水的な鎖の末端のみが選択的に接触角に関与しているためであると考えられる.

(2) 環境応答

溶媒,pH,イオン強度といった環境変化にてグラフト鎖のコンフォメーション変化がもたらされる例は多く報告されているが,ここでは最近の総説を挙げるにとどめ[24,25],一例だけを紹介する.

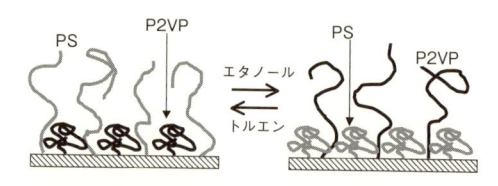

図 3.32 ポリスチレンとポリ (2-ビニルピリジン) の二成分グラフト鎖の溶媒応答性.
出典:M. K. Vyas, K. Schneider, B. Nandan and M. Stamm: *Soft Matter*, **4**, 1024 (2008).

表面グラフト鎖は接する溶媒によってコンフォメーションを大きく変化させるため,環境応答性も発現する.例えば,Vyas ら[26]の系では,ポリスチレンとポリ(2-ビニルピリジン)の混合グラフト鎖表面では,トルエンに接するとポリスチレンが表面に位置して,ポリ(2-ビニルピリジン)が膜内にもぐりこむ(水の接触角 87°).一方,エタノールや酸性水溶液と接触させるとその逆となり(同 18°),接触角や摩擦力を交互に変換しうるスマート表面を調製できる(図 **3.32**).

(3) 光応答

Locklin ら[27]は,基板表面にて開環メタセシス重合を経てスピロピランを有する表面グラフト鎖を調製した.スピロピランは疎水的で無色の閉環体と両性イオン的なメロシアニン型開環体の変化があるので,水滴の接触角変化は比較的大きい.純水では 15°程度の大きさの接触角の違いであるが,二価のコバルトカチオンを存在させるとメロシアニンのフェノレートと相互作用し,両性イオン的特性が強調され,接触角変化は 35°と増幅される.この変化で表面モルフォロジーも変化する.

関連する系として,表面グラフト鎖ではないがスピロピラン系では,大きな水滴との接触角変化が観測されることから細胞接着の光制御としての応用も試みられている[28].温度応答性の PNIPAM に 5%程度のスピロピラン部位を導入した高分子膜上では,細胞が低温条件では紫外光照射部分で生じたメロシアニン型の部分にて選択的に接着することが示されている.

引用・参考文献

1) 根岸直樹, 常光克明, 石原一彦, 篠原功, 岡野光夫, 片岡一則, 赤池敏宏, 桜井靖久：高分子論文集, **37**, 287 (1980).
2) K. Ishihara, A. Okazaki, N. Negishi, I. Shinohara, T. Okano, K. Kataoka and Y. Sakurai: *J. Appl. Polym. Sci.*, **27**, 239 (1982).
3) 関隆広, 市村國宏, 福田陵一, 玉置敬：高分子論文集, **52**, 599 (1995).
4) G. Möller, M. Harke and H. Motschmann: *Langmuir*, **14**, 4955 (1998).
5) W. Jiang, G. Wang, Y. He, X. Wang, Y. An, Y. Song and L. Jiang: *Chem. Commun.*, 3550 (2005).
6) R. N. Wenzel: *Ind. Eng. Chem.*, **28**, 988 (1936).
7) H. S. Lim, J. T. Han, D. Kwak, M. Jin and K. Cho: *J. Am. Chem. Soc.*, **128**, 14458 (2006).
8) K. Uchida, N. Izumi, S. Sukata, Y. Kojima, S. Nakamura and M. Irie: *Angew. Chem. Int. Ed.*, **45**, 6470 (2006).
9) K. Uchida, N. Nishikawa, N. Izumi, S. Yamazoe, H. Mayama, Y. Kojima, S. Yokojima, S. Nakamura, K. Tsujii and M. Irie: *Angew. Chem. Int. Ed.*, **49**, 5942 (2010).
10) T. Tsujioka, Y. Sesumi, R. Takagi, K. Masui, S. Yokojima, K. Uchida and S. Nakamura: *J. Am. Chem. Soc.*, **130**, 10740 (2008)
11) J. Lahann, S. Mitragotri, T-N. Tran, H. Kaido, J. Sundaram, I. S. Choi, S. Hoffer, G. A. Somorjai and R. Langer: *Science*, **299**, 371 (2003).
12) N. L. Abbott and G. M. Whitesides: *Langmuir*, **10**, 1493 (1994).
13) J. A. M. Sondag-Huethorst and L. G. J. Fokkink: *Langmuir*, **10**, 4380 (1994).
14) J. Isaksson, C. Tengstedt, M. Fahlman, N. Robinson and M. Berggern: *Adv. Mater.*, **16**, 316 (2004).
15) M. K. Chaundury and G. M. Whitesides: *Science*, **256**, 1539 (1992).
16) K. Ichimura, S-K. Oh and M. Nakagawa: *Science*, **288**, 1624 (2000).
17) D. Yang, M. Piech, N. S. Bell, D. Gust, S. Vail, A. A. Garcia, J. Schneider, C-D Park, M. A. Hayes and S. T. Picraux: *Langmuir*, **23**, 10864 (2007).
18) R. Yamada and H. Tada: *Langmuir*, **21**, 4254 (2005).
19) Y. Tsujii, K. Ohno, S. Yamamoto, A. Goto and T. Fukuda: *Adv. Polym. Sci.*, **197**, 1 (2006).
20) Y. G. Takei, T. Aoki, K. Sanui, N. Ogata, T. Sakurai and T. Okano: *Macromolecules*, **27**, 6163 (1994).
21) N. Matsuda, T. Shimizu, M. Yamato and T. Okano: *Adv. Mater.*, **19**, 3089 (2007).
22) T. Sun, G. Wang, L. Feng, B.Liu, Y. Ma, L. Jiang and D. Zhu: *Angew.*

 Chem. Int. Ed., **43**, 357 (2004).
23) H. Suzuki, M. H. Nurul, T. Seki, T. Kawamoto, H. Haga, K. Kawabata and Y. Takeoka: *Macromolecules*, **43**, 9945 (2010).
24) I. Tokarev, M. Motornov and S. Minko: *J. Mater. Chem.*, **19**, 6932 (2009).
25) T. Chen, R. Ferris, J. Zhang, R. Ducker and S. Zauscher: *Prog. Polym. Sci.*, **35**, 94 (2010).
26) M. K. Vyas, K. Schneider, B. Nandan and M. Stamm: *Soft Matter*, **4**, 1024 (2008).
27) S. Samanta and J. Locklin: *Langmuir*, **24**, 9558 (2008).
28) J. Edahiro, K. Sumaru, Y. Tada, K. Ohi, T. Takagi, M. Kameda, T. Shinbo, T. Kanamori and Y. Yoshimi: *Biomacromolecules*, **6**, 970 (2005).

3.6 ナノバイオ

3.6.1 はじめに

　水に溶解する親水性分子と水に溶解しない疎水性分子を一つの分子内に有する化合物を両親媒性分子と呼ぶ．両親媒性分子を水中に分散させると，主に疎水的な会合力により自己会合して分子集合体を形成する．生体系に存在する多くの分子も両親媒性の特性を有し，自己組織化により様々な機能性ナノ，マクロ構造体を形成している．例えば，リン脂質が形成する二分子膜を基本とする生体膜，親水性や疎水性のアミノ酸が直鎖状に連結したポリペプチドの分子内会合により形成するタンパク質，さらに，疎水性の核酸塩基がスタッキングした核酸二重らせん構造などは代表的な例である．

　このように生体系は，疎水性分子を構造体形成の"のり"のように利用して，様々な機能性自己組織体を構築している．近年，このような自己組織化現象にインスパイアされた材料を用いてバイオ機能発現を目指す研究が盛んである．なかでも，比較的サイズが小さく，生体と類似のソフトな構造特性を有する自己組織化ソフトナノ材料のバイオ応用が活発に行われている[1]．

　ナノ自己組織化材料が利用されている例としてドラッグデリバリーシステム (DDS) におけるナノキャリアが挙げられる．例えば，脂質から形成されるリポソームや，高分子ミセル[2]，高分子ナノゲル[3] が様々な疾患におけるキャリアとして実際の臨床現場でも用いられている（表3.1）．また最近では，DDS応用のみならず，最先端医療技術における超微量分析，ハイスループットスクリーニング技術，環境に負荷の小さいデバイスやベッドサイド臨床検査などのセンシングテクノロジーや再生医療分野に応用展開されている．本節では，このような自己組織化バイオ材料のうち特にリポソーム（ベシクル）に焦点をあて，そのバイオナノテクノロジー分野における最近の動向について紹介する．

表 3.1 DDS キャリアに用いられる自己組織化ナノマテリアル.

	リポソーム	ポリマーミセル	ナノゲル
構造	脂質二分子膜からなるカプセル	両親媒性高分子からなるミセル	多点架橋によるナノサイズのゲル
特徴	・大きい内水相 ・高い薬物内包効率	・薬物の物理的/化学的修飾が可能	・安定 ・密度制御が自在 ・薬物内包の可逆性
薬物	・親水性/疎水性 　薬物, 核酸	・疎水性薬物, 核酸	・疎水性薬物, 　タンパク質, 核酸

3.6.2 リポソームの構造

(1) 生体脂質二分子膜

　脂質およびその関連する両親媒性化合物は生体膜の重要な構成成分である. 1960 年代初頭に Bangham らにより, これらの脂質の水中での自己組織化により細胞膜類似の二分子膜構造をもつ球状の閉鎖小胞体 (リポソーム, 一般的な構造名としてはベシクル) が得られることが見出された[4]. それ以後, 様々な天然由来脂質からなるリポソームが天然の細胞膜の研究にモデル膜として利用され, 基礎生物学や分子生物学分野における知見の取得に役立ってきた. さらに, 化粧品, 食品添加物, 環境材料などとしての産業分野においてもリポソームは非常に幅広く用いられている[5].

　現在では, 直径が数十 nm のものから細胞と同じスケール (数十~数百 mm) の巨大リポソームが作製可能である (図 3.33)[6]. そのモルフォロジーについても, 一枚膜リポソーム, 多重層リポソーム, リポソームの中にさらに小さなリポソームが内包されたマルチリポソーム等が, ボルテックス処理, 超音波処理, エクストルーダー処理等の手法により調製される. 従来の中空の球状構造のみならず平面脂質二分子膜も作製されており, 主にイオンチャンネルをはじめとする膜タンパク質の解析などに用いられている[7]. また最近, 生体系で脂質から形成されるナノチューブが遠距離の細胞間を連結することで細胞間コミュニケーションを制御して

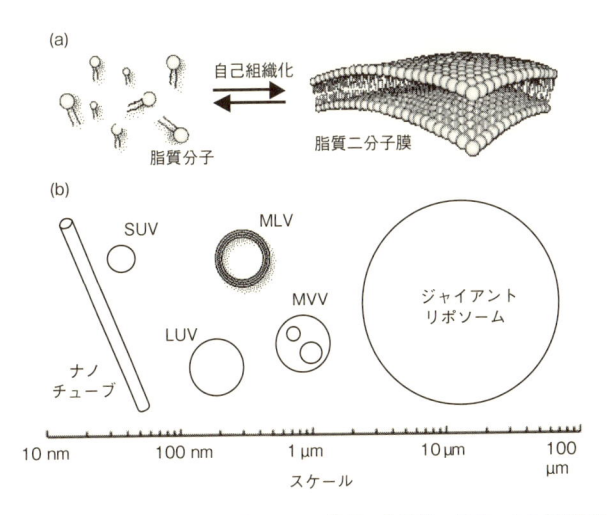

図 3.33 (a) 脂質分子の自己組織化による脂質二分子膜の形成，(b) 脂質二分子膜からなる自己組織体の模式図．

いることが明らかになっている[8]．この関連から，脂質が自己組織化することで形成される超分子構造体の一形態としての脂質ナノチューブを人工系において作製する研究も行われ始めている[9]．例えば，ガングリオシドなどの脂質ナノチューブの形成を促進する分子を添加する手法[10]やマイクロマニュピレーターなどを用いて脂質膜を牽引する方法[11,12]，せん断流を用いてその方向が制御された脂質ナノチューブを大量作製する方法[13]などが報告されている．

(2) 合成脂質二分子膜

天然由来の脂質は，その単離・精製・物理化学的なキャラクタリゼーションの困難さ，形成されるリポソームの安定性の低さなどの理由から，薬学・医学・工学的な展開を行うための材料としては必ずしも適していない．二本鎖アルキル四級アンモニウム塩が生体のリン脂質と同様に，二分子膜構造を形成しベシクルを形成することが，国武らにより明らかにされて以来，様々な両親媒性化合物が合成され，その集合体の特性を人工細胞膜材料として利用する研究が多く行われてきた[14]．また，極性

頭部もしくは疎水性尾部に重合性官能基を導入し，脂質分子を重合することで安定な重合性リポソームを得ることも可能である[15]．さらにその安定性を向上させるため，膜表面はシリカのコロイド粒子と同様であるが，内部は細胞膜類似の二分子膜構造と内水相をもつ無機／有機複合材料（セラソーム）も調製されている[16]．

親水性のポリエチレンオキシド (PEO) と疎水性のポリエチルエチレン (PEE)，ないしはポリブタジエン (PBD) からなる両親媒性ブロック共重合体は水中でベシクルを形成することが報告され[17]，それ以後，様々な高分子からなるベシクルが作製されている．一般にポリマーソームといわれるこれらのベシクルはその膜の流動性，透過性が低く，機能性物質を内水相に極めて安定に保持できるという通常の脂質分子からなるベシクルにはない利点を有している．このような利点を利用し，DDS をはじめとするバイオ応用を行う研究が活発に行われている[18]．また，このポリマーソームに，タンパク質，核酸をはじめとする生体機能分子を組み込むことで，ある種の人工オルガネラ[19]，さらにこれを発展させた人工細胞（プロトセル）を作製する研究も行われている[20]．また，最近では，疎水性相互作用のみならず，正荷電を有するブロック型高分子と負電荷を有するブロック型高分子が静電的相互作用により会合し，ある場合にはポリイオンコンプレックス部位を層とするベシクル構造を形成することも見出されている[21]．

(3) 膜タンパク質再構成リポソーム

細胞膜は脂質に加え，かなりの割合の膜タンパク質を含んでいる．例えば，大腸菌の細胞膜中において膜タンパク質の占める割合は重量ベースで約 70%，ほ乳類の各組織の細胞でも，30〜80%を膜タンパク質が占めている[22]．また，医薬品ターゲットの約 50%が膜タンパク質であるといわれている．生体膜タンパク質は，エネルギー変換，レセプター，物質透過機能などバイオ機能素子として極めて魅力的な素材であることから，膜タンパク質を含有したリポソーム（プロテオリポソーム）は，基礎的研究のみならず応用面でも注目されている．

従来，プロテオリポソームは，膜タンパク質およびリン脂質を界面活性剤に可溶化した後，界面活性剤を透析などで除去することにより作製

されてきた．しかし，界面活性剤の除去が困難であること，膜タンパク質の配向制御が困難であること，生体における活性を再現することが困難などの問題点があり[23]，膜タンパク質を効率よくリポソームに組み込む手法の開発が進められている．例えば，バキュロウイルス遺伝子発現システムを用いて目的とする膜タンパク質を昆虫細胞膜に大量発現させ，それを保持した出芽ウイルスとリポソームを融合させると，目的とする膜タンパク質を生体内の膜内配向性および高次構造を保持した形で再構成することができる（図 **3.34** (a)）[24]．また，無細胞タンパク質発現系を用いて，リポソーム存在下で DNA から膜タンパク質を発現させそのままリポソームに組み込む手法も開発されている（図 3.34 (b)）[25]．この手法によりポア形成タンパク質，トランスポーター，受容体，酵素やエネルギー伝達に関わるタンパク質などを再構成した様々なプロテオリポソームが作製されている[23]．

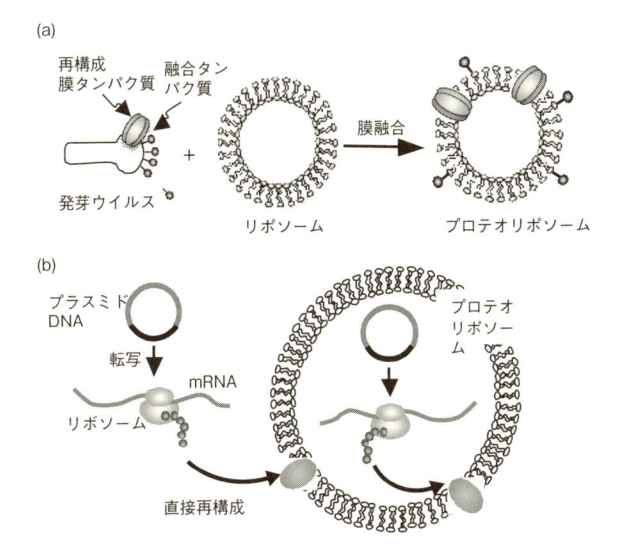

図 **3.34** プロテオリポソームの作製法．(a) 発芽ウイルスとの細胞膜融合，(b) 無細胞タンパク質発現系からの直接再構成．

3.6.3 リポソームの機能と利用

(1) ドラッグデリバリーシステム

リポソームの機能として最も精力的に研究が行われている一例として，DDSキャリアとしての利用が挙げられる．リポソームはその内水相もしくは疎水的な脂質二分子膜部分に薬物を容易に担持することが可能であり，薬物を体内における分解などから保護するとともに，薬物の徐放制御を行うことができる．また，リポソーム表面に適当な修飾を施すことで薬物をターゲティングすることも可能である．例えば，Doxil (DaunoXome) は臨床試験において顕著な効果を示しているリポソーム製剤としてよく知られており，1990年代にFDAにより認可されている．その後も，温度やpHなどの外部刺激に応答してその物性が変化する刺激応答性リポソーム [26,27]，その表面にポリエチレングリコールを修飾することで細網内皮系による認識を回避することで血中滞留性を向上させるステルスリポソーム [28]，アクティブターゲティングのため抗体やペプチドを表面に担持したイムノリポソーム [29] などの機能性リポソームが報告されている．リポフェクションとして知られる細胞内への遺伝子導入に向けたカチオン性リポソームも，遺伝子を運ぶ一種のキャリアとして精力的に研究が行われているが，これらの系については総説も多く，本稿では詳細は割愛する [30]．

(2) バイオ計測・診断

半導体ナノ粒子などの金属ナノ粒子を内水相もしくは脂質膜部位に担持したリポソームはバイオイメージングにおいて積極的に利用されている [31]．磁性ナノ粒子を担持した磁性リポソームは，核磁気共鳴画像法 (MRI) における造影剤として有効である [32]．また，微小な空気を内包したバブルリポソームは，エコー診断における造影剤として用いられている（エコーリポソーム）[33]．さらに，リポソームによる検出信号の増幅によりその分析感度を上げる例もいくつか報告されている．例えば，DNAにより修飾されたリポソームの相補的塩基対形成能に基づく集積挙動を利用し，DNAの一塩基多型を電気化学的に高感度に増幅検知するシステムが報告されている [34]．また，DNAを内包した二重層にガングリオシド受容体が埋め込まれたリポソームを用い，生体毒素の検出に

伴うリポソームの破裂による DNA の放出をリアルタイム PCR 法で定量することで，コレラ毒素およびボツリヌス毒素を極めて高感度に測定することが可能である[35]．

リポソームが有する極めて微小な閉鎖空間としての内水相は，他の材料にはない魅力的な特性である[36]．この内水相に酵素を内包し，酵素反応に基づくバイオセンシングを行う研究が報告されている[37]．また，人工細胞膜としてのリポソームは，細胞膜類似の環境をナノレベルで再現した三次元的な「基板」として捉えることもできる．このような特性を積極的に利用することで，一個のリポソームを一個の素子と見たてセンシング分野への展開を目指す研究が最近活発である．例えば，この素子を用いることで，タンパク質と脂質，膜結合受容体とリガンドの相互作用，細胞膜透過やイオンチャンネル活性などの膜内外での挙動，さらにより複雑なシグナル伝達系の解析などを単一のリポソームで検出する試みが行われている[38]（図 **3.35**）．さらに，これら素子としてのリポソームをアレイ化した非常に微細なデバイスを作製し，ハイスループットスクリーニングを実現することも可能である．このアレイ化のため，インタクトなリポソームを空間的に制御して配列しようとする研究が行われており，クリック反応やアビジン-ビオチン相互作用を用いた固定化，DNA を用いた選択的な集積，微細加工された基板への固定化などの例が報告されている[7,39]．さらにこれらのアレイを実際にイムノアッセイ[40]や，

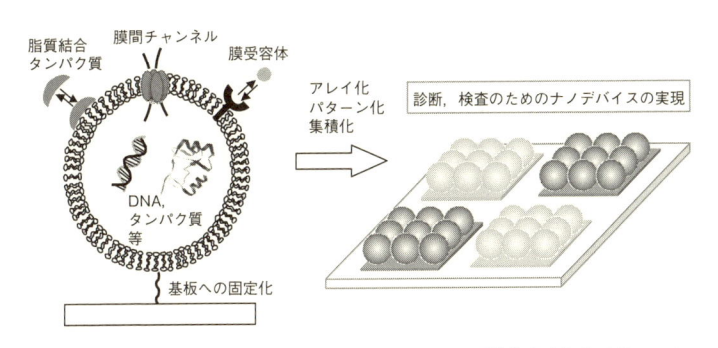

図 **3.35** 固定化リポソームへの様々なバイオプロセスの再構築とそれらリポソームのアレイ化．

Gタンパク質介在型受容体アレイ[41]，リポソームを化学的なバーコードとするDNA検出[42]などに用いる興味深い例がごく最近報告されている．これらの研究は，ナノテクノロジーによる超微細加工や，超高感度検出技術の飛躍的な発展によるところが大きい．これらの技術とのさらなる統合化により，環境に負荷の小さいデバイスやベッドサイド臨床検査やテーラーメード医療など次世代型の革新的な医療用ナノシステムの創出が期待される．

3.6.4 おわりに

本節では，自己組織化バイオ材料のうちリポソーム（ベシクル）に焦点をあて，その構造特性ならびにバイオ計測・診断分野への応用について概説した．そのサイズ，安定性，表面修飾を自在に制御するエンジニアリング的な手法により，DDSをはじめとする様々なバイオ応用が可能となっている．本文中でも述べたように，膜タンパク質を担持したリポソームをエンジニアリングの手法により集積するアレイ化のアプローチは今後の展開において極めて重要であり，単一のリポソームにはない機能を発現しうるリポソーム基盤バイオマテリアルが実現されるものと思われる．さらに，脂質ナノチューブなどを用いてこれらの集積したアレイを連結し，機能を統合することで，機能の高次複合化，多彩な刺激応答性，経時的プログラム応答などの従来例のないバイオ機能を創発するバイオマテリアルの構築が期待される．

引用・参考文献

1) 「自己組織化によるナノマテリアルの創成と応用」, (NTS, 2004).
2) H. Cabral, N. Nishiyama and K. Kataoka: *Acc. Chem. Res.*, **44**, 999 (2011).
3) Y. Sasaki and K. Akiyoshi: *Chem. Rec.*, **10**, 366 (2010).
4) A. D. Bangham and R.W. Horne: *J. Mol. Biol.*, **8**, 660 (1964).
5) 秋吉一成, 辻井薫 (監修):「リポソーム応用の新展開」, (NTS, 2005).
6) V. P. Torchilin and V. Weissig (Eds.): *"Liposomes"*, (Oxford Univ. Press, 2003).
7) Y. M. Chan and S.G. Boxer: *Curr. Opin. Chem. Biol.*, **11**, 581 (2007).
8) J. Hurtig, D. T. Chiu and B. Onfelt: *WIREs Nanomed. and*

Nanobiotechnol., **2**, 260 (2010).
9) 佐々木善浩, 秋吉一成：化学, **67**, 68 (2012).
10) K. Akiyoshi, A. Itaya, S. Nomura, N. Onoe and K. Yoshikawa: *FEBS Lett.*, **534**, 33 (2003).
11) A. Karlsson, R. Karlsson, M. Karlsson, A. S. Cans, A. Strömberg, R. Ryttsén and O. Orwar: *Nature*, **409**, 150 (2001)
12) K. Gerbrand, V. Martijn, H. Bas and D. Marileen: *Proc. Natl. Acad. Sci.*, **100**, 15583 (2003).
13) Y. Sekine, K. Abe, A. Shimizu, Y. Sasaki, S. Sawada and K. Akiyoshi: *RSC advances*, submitted, (2011).
14) 佐々木善浩:「リポソーム応用の新展開」, 秋吉一成, 辻井薫 (監修), (NTS, 2005), p. 20.
15) D. F. O'Brien, R.T. Klingbiel, D.P. Specht and P.N. Tyminski: *Ann. NY. Acad. Sci.*, **446**, 282 (1985).
16) Y. Sasaki, K. Matsui, Y. Aoyama and J. Kikuchi: *Nature Protocols*, **1**, 1227, (2006).
17) D. E. Discher and F. Ahmed: *Ann. Rev. Biomed. Eng.*, **8**, 323 (2006).
18) R. P. Brinkhuis, F.P.J.T. Rutjes and J.C.M. van Hest: *Polym. Chem.*, **2**, 1449 (2011).
19) P. Tanner, P. Baumann, R. Enea, O. Onaca, C. Palivan and W. Meier: *Acc. Chem. Res.*, **44**, 1039 (2011).
20) N. P. Kamat, J.S. Katz and D.A. Hammer: *J. Phys. Chem. Lett.*, **2**, 1612 (2011).
21) Y. Anraku, A. Kishimura, M. Oba, Y. Yamasaki and K. Kataoka: *J. Am. Chem. Soc.*, **132**, 1631 (2010).
22) B. Alberts, A. Johnson, J. Lewis, M. Raff, K. Roberts and P. Walter: "Molecular Biology of the Cell, 4th ed.", (Garland Science, 2002).
23) F. Junge, S. Haberstock, C. Roos, S. Stefer, D. Proverbio, V. Dötsch and F. Bernhard: *New Biotechnol.*, **30**, 262 (2011).
24) K. Kamiya, K. Tsumoto, S. Arakawa, S. Shimizu, I. Morita, T. Yoshimura and K. Akiyoshi: *Biotechnol. Bioeng.*, **107**, 836 (2010).
25) Y. Moritani, S. Nomura, I. Morita and K. Akiyoshi: *FEBS J.*, **277**, 3343 (2010).
26) K. Kono: *Adv. Drug Deliver. Rev.*, **53**, 307 (2001).
27) D. C. Drummond, M. Zignani and J.-C. Leroux: *Prog. Lipid Res.*, **39**, 409 (2000).
28) S. M. Moghimi and J. Szebeni: *Prog. Lipid Res.*, **42**, 463 (2003).
29) M. Rothdiener, J. Beuttler, S.K.E. Messerschmidt and R.E. Kontermann: "Cancer Nanotechnology: Methods in Molecular Biology", (Humana Press, 2010), p. 295.
30) S. Bhattacharya and A. Bajaj: *Chem. Commun.*, **31**, 4632 (2009).

31) W. T. Al-Jamal and K. Kostas: *Acc. Chem. Res.*, **44**, 1094 (2011).
32) H. Fattahi, S. Laurent, F. Liu, N. Arsalani, E. Vander Elst and R.N. Muller: *Nanomedicine*, **6**, 529 (2011).
33) S. L. Huang: *Adv. Drug Deliv. Rev.*, **60**, 1167 (2008).
34) F. Patolsky, A. Lichtenstein and I. Willner: *J. Am. Chem. Soc.*, **123**, 5194 (2001).
35) J. T. Mason, L. Xu, Z. Sheng and T.J. O'Leary: *Nat. Biotechnol.*, **24**, 555 (2006).
36) H. H. Gorris and D. R. Walt: *Angew. Chem. Int. Ed. Engl.*, **49**, 3880 (2010)
37) B. W. Park and D.Y. Yoon and D.S. Kim: *Biosens. Bioelectron.*, **26**, 1 (2010).
38) S. M. Christensen and D. G. Stamou: *Sensors*, **10**, 11352 (2010).
39) M. Bally, K. Bailey, K. Sugihara, D. Grieshaber, J. Vörös1 and B. Städler: *Small*, **6**, 2481 (2010).
40) H. Y. Lee, B.K. Lee, J. W. Park H.S. Jung, J.M. Kim and T. Kawai: *Ultramicroscopy*, **108**, 1325 (2008).
41) K. Bailey, M. Bally, W. Leifert, J. Vörös and T. McMurchie: *Proteomics*, **9**, 2052 (2009).
42) A. Gunnarsson, P. Sjövall and F. Höök: *Nano Lett.*, **10**, 732 (2010).

索　引

【英数字】

CP, 60
DDS, 118
directed self-assembly, 34
FET, 80
Flory-Huggins 理論, 11
Langmuir-Blodgett (LB) 法, 37
Langmuir-Schaeffer (LS) 法, 37
MOF, 60
NC ゲル, 99
SAM, 36, 106
TEMT, 16
Tetra-PEG ゲル, 101
Uphill 拡散, 12
Wenzel モデル, 104

【あ】

アゾベンゼン, 68, 104
アモルファス, 51, 78
アルキメデスタイリング, 18
イオンチャンネル, 89
イオン伝導材料, 91
移動度, 78
液晶, 21, 78
液晶エラストマー, 26
液晶ゲル, 29
液晶半導体, 78
液晶紡糸, 96
液晶メソゲン, 67
液滴移動, 106
エピタキシャル成長, 51
エントロピー, 2, 7
オリゴチオフェン, 80
折りたたみ鎖, 8
温度応答, 108

【か】

界面, 104
界面活性剤, 43
ガウス曲率, 15
架橋構造, 25
核生成・成長, 10
カラムナー液晶, 80, 93
カラムナー相, 22
環境応答, 109
環動, 98
キュービック相, 22
共役高分子, 37
金属錯体液晶, 24
金属-有機構造体, 60
クロモニック液晶, 30
ゲル, 43, 98, 99
ゲル化剤, 49
合成脂質二分子膜, 115
高分子液晶, 24
コロイド, 43
コロイド結晶, 52
コンフォメーション, 7, 106, 109

【さ】

サーモトロピック液晶, 21
最小曲面, 16
散逸構造, 56, 60
ジアリールエテン, 105
シクロデキストリン, 98

自己集合, 32
自己組織化, 1, 7, 21, 36, 43, 55, 78, 89, 96, 113
自己組織化単分子膜, 36, 106
脂質ナノチューブ, 115
脂質二分子膜, 2, 89, 114
ジャイロイド, 14
ジャボチンスキー反応, 4
集積型金属錯体, 60
主鎖型高分子液晶, 24
準結晶, 18
真珠層, 56
靭性, 98
振動反応, 4
水素結合, 23
垂直浸漬法, 37
水平付着法, 37
水面展開法, 37
スピノーダル線, 11
スピノーダル分解, 10
スピロピラン, 110
スマート表面, 110
スメクチック液晶, 2, 80, 92
スメクチック相, 21
生体脂質二分子膜, 114
積層ラメラ結晶, 8
セラソーム, 116
双曲面, 16
相分離, 22
相分離構造, 71
相溶性, 11
側鎖型高分子液晶, 24
疎水性相互作用, 44
ソフト表面, 108

【た】

ダイレクター, 96
ダブルネットワークゲル, 99
炭酸カルシウム, 4, 55, 62
炭素繊維複合材料, 1
単分子膜, 37, 57, 71, 104

超分子液晶, 28
電界効果型トランジスタ, 38, 80
電気化学的応答, 105
電気粘性効果, 101
デンドロン, 28
透過型電子線トモグラフィー法, 16
ドラッグデリバリーシステム, 118
トリフェニレン, 79

【な】

ナノキャリア, 113
ナノコンポジットゲル, 99
ナノ相分離, 22, 36, 82
ナノ粒子, 30
二分子膜, 44, 57, 101
ぬれ性, 104
ネマチック液晶, 2
ネマチック相, 21

【は】

配位性高分子, 60
バイオセンシング, 119
バイオミネラリゼーション, 57
バイオミネラル, 55
バイオミメティックプロセス, 57
π 共役, 79
配向エントロピー, 96
バイノーダル線, 11
バナナ型液晶, 28
光異性化, 73
光応答, 104, 110
光重合, 93
光相転移, 67
光二量化, 73
光配向, 36
ヒドロゲル, 4, 62, 98, 101
非平衡系, 2, 55
表面グラフト, 75
表面光配, 72
フラーレン, 84
ブラッグの回折, 101

ブロック共重合体, 13, 32, 71
プロテオリポソーム, 116
平均曲率, 15
平衡系, 2, 43, 48, 55
ヘキサベンゾコロネン, 80
ベシクル, 43, 114
ペタル効果, 105
偏光, 67
星型共重合体, 17
ポリ（3-ヘキシルチオフェン）, 38, 83
ポリ(N-イソプロピルアクリルアミド), 108
ポリパラフェニレンテレフタルアミド, 96
ポリパラフェニレンベンゾビスオキサゾール, 97
ポリマーソーム, 116

【ま】

膜タンパク質, 116
ミクロ相分離, 2, 8, 13, 32
ミセル, 43, 57
ミセルキュービック相, 22
無機／有機ハイブリッド, 30, 55, 74
無細胞タンパク質発現系, 117
メカノクロミック, 29
メソクリスタル, 55
メソゲン構造, 23
メソポーラスシリカ, 59

【や】

有機半導体, 78

【ら】

ラメラ周期, 15
ラメラ相, 22
ランダムコイル, 7
リオトロピック液晶, 21
リビングラジカル重合, 108
リポソーム, 114

両親媒性分子, 113
ロータス効果, 105
ロタキサン, 85

最先端材料システム One Point 3 *Advanced Materials System* *One Point 3* **自己組織化と機能材料** *Self-Assembly and* *Functional Materials* 2012 年 7 月 25 日　初版第 1 刷発行	編　集　高分子学会　　ⓒ 2012 発行者　南條光章 発行所　**共立出版株式会社** 　　　　郵便番号 112-8700 　　　　東京都文京区小日向 4-6-19 　　　　電話　03-3947-2511（代表） 　　　　振替口座　00110-2-57035 　　　　http://www.kyoritsu-pub.co.jp/ 印　刷　藤原印刷 製　本　ブロケード
検印廃止 NDC 578 ISBN 978-4-320-04427-2	社団法人 自然科学書協会 会員 Printed in Japan